春暖花开。

THE GREAT INDOORS

The Surprising Science of
How Buildings Shape
Our Behavior,
Health,and Happiness

是时候给室内世界应有的重视了！

这一次，
让我们真正理解
我们与空间、设计的关系。

THE 置身
GREAT
INDOORS 室内

〔美〕埃米莉·安特斯 (Emily Anthes) / 著

李春梅 / 译

人性化的设计
重塑我们的
身心健康

The Surprising Science of
How Buildings Shape
Our Behavior,
Health, and Happiness

机械工业出版社
CHINA MACHINE PRESS

图书在版编目（CIP）数据

置身室内：人性化的设计重塑我们的身心健康 /（美）埃米莉·安特斯（Emily Anthes）著；李春梅译 . —北京：机械工业出版社，2024.5

书名原文：The Great Indoors: The Surprising Science of How Buildings Shape Our Behavior, Health, and Happiness

ISBN 978-7-111-75657-6

Ⅰ. ①置…　Ⅱ. ①埃…　②李…　Ⅲ. ①室内装饰设计 – 环境心理学 – 研究　Ⅳ. ① TU238.2-05

中国国家版本馆 CIP 数据核字（2024）第 080830 号

机械工业出版社（北京市百万庄大街 22 号　邮政编码 100037）

策划编辑：欧阳智　　　　　　　责任编辑：欧阳智
责任校对：曹若菲　牟丽英　　　责任印制：单爱军

保定市中画美凯印刷有限公司印刷

2024 年 10 月第 1 版第 1 次印刷

170mm×240mm·15.25 印张·1 插页·170 千字

标准书号：ISBN 978-7-111-75657-6

定价：89.00 元

电话服务　　　　　　　　　　　网络服务
客服电话：010-88361066　　机　工　官　网：www.cmpbook.com
　　　　　010-88379833　　机　工　官　博：weibo.com/cmp1952
　　　　　010-68326294　　金　　书　　网：www.golden-book.com
封底无防伪标均为盗版　　机工教育服务网：www.cmpedu.com

孩子们天生就爱坐立不定，但是在传统的教室环境中，他们受到了限制。人性化的学校设计，能够释放孩子的潜力，促进学习、好奇心和创造力，还能为他们创造一个身心健康的环境和文化氛围。

尽管雇主们发现开放式办公室有很多优点，既灵活又便宜，但几乎所有的员工对缺乏隐私、经常分心、难以集中注意力完成复杂的工作任务有诸多抱怨。雪上加霜的是，开放式办公场所可能会让员工身体不适，在 2011 年的一项研究中，丹麦的研究人员发现，在开放式办公室工作的员工比在独立办公室工作的员工请病假的比例高出 62%，后者似乎能保护人们免受传染病感染，就像医院的独立病房那样。

不那么友好的建筑设计可能会给某些残疾、有认知障碍、精神疾病和神经系统疾病的人带来挑战。"通用设计"取代"无障碍设计"：设计能够适合那些'极端'不同的人，也能使那些所谓的'典型正常人'受益。为尽可能广泛的人群提供服务。其目标是要做更多事情，而不只是给与人们"通行便利"，还要赋予人们充分参与社会方方面面的力量。

研究人员还发现，与生活在不那么有活力的地区的人相比，生活在充满公园、图书馆和餐馆等设施的社区的人更容易与邻居交往，并感觉不那么孤立。在建筑层面，为公寓居民提供共享空间，如游戏室和社区花园，可以达到同样的目的，让有共同兴趣的人聚集在一起。

在理论上，家用传感器、摄像头、追踪器和监测器等智能家居设计可以帮助许多这样的老年人保持健康和独立，使他们能在家里安全地老去，即使面对疾病和虚弱。这些系统让我们对未来的智能家庭健康监测有了初步了解——我们提前看到了，让我们的建筑扮演医生角色的前景和风险。

当我们冲向未来时，建筑提供了一种让我们可以开始掌控自己命运的方式。住宅拯救生命的方式不止一种：我们的建筑需要不断地发展，不仅要利用新技术，还要帮助我们抵御正在地平线上隐现的一些全球性的生存威胁。

当我们幻想月球和火星上的理想生活时，我们应该扪心自问，我们在地球上建造的东西有多符合这些理想？现在改变方向还不算太晚。我们有工具和技术可以建立一个更快乐、更健康的世界，无论是在地球上坚固而熟悉的土地上，还是在遥远的某个地方。

引 言

在日本三鹰市（Mitaka），一条挤满了低矮的米色建筑的繁忙街道上[1]，奇怪的公寓楼群在空中的轮廓线颇为壮观。从外面看，这栋有九套公寓的住宅楼就像一组儿童积木，形状和颜色像万花筒般多样——绿色的圆柱体堆叠在紫色的立方体上，蓝色的立方体放置在黄色的圆柱体上。进入内部，它会带来奇幻刺激的感受。九套公寓中的每套公寓都有一间环形客厅，厨房设置在正中央。卧室都是方方正正的，卫生间呈筒形，书房则完全是球形的。每套公寓都涂上了十几种不同的颜色，每一种颜色都很亮眼。（以 302 号公寓为例，它的厨房是蓝色和柠檬绿色，书房是柠檬黄，卫生间是森林绿。）客厅里的梯子就是摆设。混凝土地面镶嵌着葡萄柚大小的凸面贴砖。整栋建筑看起来并不像住宅，更像是超大型嘉年华游乐园。尽管所有的一切看起来都很古怪，但它的设计目的却非常严肃：对抗死亡。

该公寓是由荒川修作（Shusaku Arakawa）和马德琳·金斯（Madeline Gins）设计的，这对艺术家夫妻致力于他们称之为"反转命运"（reversible destiny）的理念。他们相信，死亡是"过时的"[2]"不道德的"[3]，而且根本不是注定的。"虽然各个年龄段的人都可能与死亡相遇，但并不意味着要永远如此。"荒川和金斯在 2002 年宣言中如此写道，"迄今为止，对死亡这种不可避免的窒息结果而进行的任何抵抗都是零零碎碎的，而对抗死亡必须要付出连续、持久且全面的努力。"[4]

他们主张，在这种对抗死亡的努力过程中，建筑是最有力的武器。要想对抗死亡，我们必须从根本上重塑我们的环境，创造出从身体和精神上向我们发起挑战的空间。居住在像三鹰公寓这样的地方会使人们失去平衡，摆脱他们的习惯和常规作息，改变他们的观点和看法，刺激他们的免疫系统，对，还有使他们永生。"我们相信，人们与建筑环境紧密而复杂地交织在一起能够使他们成功摆脱（似乎不可避免的）死亡判决！"[5] 他们写道。

初次了解荒川和金斯的想法时，我以为这只不过是一个精妙的比喻，一种艺术性的挑衅。但是，当我在 2018 年秋天拜访位于曼哈顿的反转命运基金会（Reversible Destiny Foundation）总部时，我才知道他们是认真的。该基金会是荒川和金斯在 2010 年创办的。基金会的顾问馆长手冢美和子（Miwako Tezuka）说："我想他们真的相信，如果我们能够实现这一点，我们就可以延长寿命，他们真的对这一信念满怀激情。"

他们把这一信念付诸实践，在太平洋两岸建立了好几个项目。在日本的养老町（Yoro）[6]，他们设计了一个面积达 195 000 平方英尺⊖的公园，里面充满了不确定因素，以至于需要给游客提供头盔才行。在纽约的东汉普顿（East Hampton）[7]，他们创建了延寿屋（Bioscleave House）。延寿屋是栋单户住宅，比三鹰公寓的设计更加极端，粉刷了约 40 种令人瞠目的颜色，窗户的位置好像是随机的，崎岖不平的地板围绕着下沉式厨房。反转命运基金会馆长斯蒂芬·赫普沃斯（Stephen Hepworth）告诫道："你会扭到脚，如果你不小心点，你可能会正好掉进厨房。去卫生间时千万不要着急。"

尽管他们设计的每栋建筑都是独一无二的，但所有的设计都是要通过各种形状、颜色和表面的碰撞以及方向和规模上的突变使人们迷失方向。（实际上，这些空间非常违反人们的直觉，因此都带有说明书。[8]）从他们设计的建筑中出来，"就像从过山车上下来一样。你会感觉重心不稳。"赫普沃斯说道。

⊖ 1 平方英尺 ≈ 0.0929 平方米。

为了整个反转命运工程、社区、县镇，或是他们描述为"没有墓地的城市"[9]，荒川和金斯还有更大的梦想。他们想要向死亡发起一场全面的建筑战。但是，即使他们发现了永生的秘密，他们自己也没能利用上。荒川于 2010 年去世（金斯拒绝透露死因，她告诉《纽约时报》"这个死讯是个坏消息"），金斯也于 4 年后死于癌症[10]。

然而，他们的作品还在。想要对抗死亡的人们可以通过爱彼迎（Airbnb）租一间三鹰公寓[11]。

建筑可以帮助我们永生的概念很显然是一种科幻的想法。但是足不出户就可以改善我们的健康状况、延长我们的寿命，哪怕只是一点点，这个想法怎么样呢？哇，我发现这个点子令人无法抗拒。毕竟，我真的非常"宅"（indoorsy）[12]。我不是说我不喜欢大自然，我认为大自然是很迷人的。我露营过很多次，而且非常享受。只不过我容易焦虑，不愿冒险，我的公寓既温暖、舒适，又安全。远方传来了许多新闻报道——塞伦盖蒂（Serengeti）的野生动物、湄公河三角洲（Mekong Delta）的洪水，还有南极的冰芯——但是，我始终觉得在我的客厅里施展我的手艺最舒服。

虽然我可能过于极端地依赖室内，但并不只有我这样，现代人类基本上就是一个室内物种。北美洲人和欧洲人大约 90% 的时间都待在室内[13]，在一些大城市，室内环境使室外环境相形见绌。曼哈顿岛的面积只有 23 平方英里[○]，但是室内建筑面积却是其 3 倍[14]。与室外不同，室内空间还在扩张。据联合国估计，在今后 40 年里，全世界的室内建筑面积大概会增加一倍[15]。"相当于从现在起至 2060 年，每年新

○ 1 平方英里 ≈ 2.59 平方千米。

增建筑面积就是日本当前建筑面积的总量。"联合国 2017 年报道称。

令我欣喜的是，越来越多的科学家已经开始认为室内环境值得调查研究。各领域的研究人员正在研究室内世界，绘制其轮廓，揭示其奥秘。微生物学家正在绘制我们的建筑中大量出现的细菌图表，化学家们则在追踪飘过我们房屋的气体，神经学家正在研究我们的大脑对不同建筑风格的反应，营养学家们则在调查餐厅设计是如何影响我们对食物的选择的，人类学家正在观察办公室设计是如何影响全球员工的生产力、敬业度和工作满意度的，心理学家正在探索窗户与心理健康、照明与创造力、家具与社交之间的联系。

他们的发现表明：室内环境从方方面面，有时甚至以令人惊奇的方式，塑造了我们的生活。简单举几个例子：在宽敞的病房分娩的女性比在较为紧凑的病房分娩的女性更有可能进行剖宫产[16]。温暖昏暗的灯光使学生不那么焦躁、好斗[17]。清新的空气、通风良好的环境能够增强办公室员工的认知能力[18]。

我们住所的地理位置会对我们的生活产生各种各样的连锁影响。在 2016 年的一项研究中[19]，一群加拿大医生报告称：住在摩天大楼的高层可能确实是致命的。医生们研究了近 8000 名在家中遭遇心脏骤停的成年人病例。发病时患者所在的楼层越高，医护人员到场救援的时间就越长，他们的生存概率就越低；住在 3 楼以下的患者中有 4.2% 的人幸存下来，而住在 16 楼以上的患者中幸存者只有不到 1%。住在 25 楼以上的患者，无一幸存。

但是住在 1 楼也不是万能的。在一项研究中[20]，科学家发现住在曼哈顿的一些摩天大楼高层的小学生，比住在低层的小学生阅读能力更强。那么，有什么可以解释这其中的联系呢？正巧，这些建筑都位于横跨主干道的桥边，交通的不断喧闹使得低层单元比那些高层单元的噪声大得多。噪声可能使年幼的孩子们很难听出单词音节的微小差别，而这恰恰是至关重要的一项阅读技巧。确实，住在建筑底层的孩子们听力考试分数较低，而后续研究已经证实[21]，嘈杂的环境会阻碍语言学习。

毕竟荒川和金斯的想法并不像表面听起来那样离谱。就科学事实而言，我们知道，恰当的挑战可以强健我们的体魄和精神。（开始举重吧，你的肌肉将会隆起；学习一门新的语言吧，你的大脑将产生新的联结。）没有理由认为这些挑战不能出自我们自己的家。数十年来，科学家们已经了解[22]，将动物放在刺激性的空间中（与其他动物做伴或放在放置了隧道、玩具、迷宫、梯子和转轮等设施的笼子里）比将其放在单独的、毫无装饰的笼子里对其健康更加有益。复杂的环境能够增强动物的免疫系统，减缓肿瘤的生长，使神经元对损伤的抵抗力更强，并避免与衰老有关的认知力下降。

有间接证据表明，有趣的环境对人类也有好处。比如，研究人员发现城市中阿尔茨海默病的发病率要低于农村地区。虽然其确切的原因不明，但有一种理论认为城市生活更加刺激和复杂，因此能够保护大脑[23]。"我认为能够让我们更健康地变老的空间可能就是能够让我们以多种方式参与其中的空间。"科罗拉多州立大学（Colorado State University）的认知学家和建筑师劳拉·马里宁（Laura Malinin）说道。在她自己的研究中[24]，马里宁已经收集了一些初始数据，表明视觉上复杂的房间可以提高老年人的认知能力。⊖

⊖ 在某些方面，这种想法与使老年人居住环境更为便利的普遍做法背道而驰。"很多老年公寓的设计原则都是素净的色彩、简单的布置、简约坚固的地面、米色的墙壁，诸如此类，"马里宁说，"我们创建了全部都在一个水平上的东西——那些视觉上简单的东西，那些易于确定位置的东西。在某种程度上讲，正是因为如此，我们使得环境更加的贫瘠，而不是丰富。"

因此，荒川和金斯并没有完全偏离轨道。马里宁说："我不确定是否能够'反转'命运，因为我认为我们是通过自己的生活来塑造自己的命运的，但我真的相信他们在挖掘一些东西，那就是物质环境对帮助我们保持健康有着巨大的，且迄今为止尚未被发现的潜力。"

我决定对这重要的室内空间展开一次"远征"，去慎重考察这个完全由我们自己创造的世界。室内宇宙是什么形状的？它的影响力有多大？它包含了哪些生态系统？我们该如何去适应？这些室内景观是如何塑造我们的思想、情感和行为，我们的社会交往和人际关系，及我们的健康、快乐和幸福的？

要找出这些问题的答案，我必须敢于迈出家门去探索，至少暂时是这样的。在之后的章节中，我们将参观一间为最大限度减少医疗差错而设计的手术室，一所为促使孩子们更加活跃而设计的小学，以及一座为满足囚犯心理需求而设计的监狱。我们将了解科学家如何利用头戴式脑波测量耳机、生物识别腕带、环境传感器、电子地图、机器学习以及虚拟现实技术来研究建筑环境并追踪人们对其的反应。我们也会思考建筑将会如何塑造我们的未来——从可以监测我们健康的智能房屋，到可以帮助我们应对气候变化的两栖漂浮屋等。我们甚至还会简单地远程考察一下冰封的圆顶，或许还能建造宜居火星的房屋。

是时候给室内世界应有的重视了。我们已经忽视室内环境太久；我们对其太过熟悉，以至于一直轻视了它的力量和复杂性。这一切终于发生了改变，我们对室内景观的探索发现越多，需要对其进行改造的机会就越多。通过深思熟虑、认真仔细的室内设计，我们几乎可以改善生活的每个方面。环境塑造了我们，但我们不必被动接受环境的塑造。

即使很小的设计变化都能产生巨大的影响。想想罗德岛妇婴医院（Women and Infants Hospital of Rhode Island）新推出的新生儿重症监护室（NICU）[25]。按照传统，医院的早产儿一直在大型开放病房中接受照料。这些病房混乱、拥挤、嘈杂，充满了机器哔哔声和聊天的声音。每天都有十几个婴儿被靠墙排成一排，其中有很多还在保育箱里，几乎没有空间留给想要和自己的孩子共度时光的父母们。

然而，在 2009 年，医院开设了新的新生儿重症监护室，废除了开放式模式；取而代之的是，每个早产儿都被安排在一间宽敞的单间中，里面配有一张沙发床，父母可以在这里过夜。这样从公用的开放式病房到私密病房的改变对婴儿的发育产生了巨大的影响。在新的秘密病房里度过生命中的前几周的婴儿体重迅速增长，出院时的体重高于那些曾在开放式病房照管的婴儿。前者患败血症的可能性也更小，所需的医疗程序更少，表现出的压力和疼痛的迹象也更少。

建筑并不能解决我们的所有问题。设计干预的效果通常是微妙而复杂的，而且建筑环境的研究往往很难开展和诠释。另外，本书中的专家们努力应对的挑战（从预防慢性疾病到使矫正系统更加人性化）除了基础设施升级，还有更多。以令人瞩目的新生儿重症监护室研究为例，物质空间很可能对婴儿有直接的好处。比如，研究表明[26]，噪声能够使早产儿的发育偏离轨道，增加他们的心率和血压，降低他们的血氧饱和度。这些生理反应或许部分解释了婴儿在安静、私密的房间中发育得更好的原因。但是，单间的好处不能仅仅归功于建筑，还有一部分要归功于单间设计使婴儿的父母可以和婴儿共度时光并参与照料[27]。

这就是好的设计能够做到的——扩大了各种可能性。它将我们推向正确的方向，助力文化和组织变革，使我们能够表达我们的价值观。好的建筑能够帮助我们过上更健康、更快乐、更有收获的生活；创造更加公平、人道的社会；增加我们在危险世界中的生存概率。好的建筑设计可以成为我们创建更好未来的基础，尽管它不能使我们永生。

第 1 章

室内丛林

在十月一个阳光明媚、异常温暖的午后，我衣着整齐地走进淋浴间，套上一副蓝色的乳胶手套，踮起脚尖，小心翼翼地拧开淋浴喷头，极不情愿地往里面看去。然后，长舒了一口气，情况远没有我担忧的那么糟糕。里面没有污泥，没有水垢，也没有堵塞一层黏液，甚至连一个污点都看不到。我松了一口气，用两根棉签在喷头里面来回擦了一圈，然后把棉签放进一个薄塑料管。

之后，我坐在饭厅的餐桌旁，仔细阅读一份有关喷头的详细调查问卷：喷头是何时安装的？喷头的出水方式是怎样的？多久清洗一次？

我心想，难道喷头还需要清洗？大家都会这么做吗？

我在"从不"上画了个圈，然后把问卷和放棉签的薄塑料管一起放在一个白色的小信封里封好，投进了邮筒。

那两根擦过喷头的棉签将寄给科罗拉多大学波德分校的微生物学家诺亚·菲勒（Noah Fierer），他会仔细搜寻里面隐藏的生命迹象。更具体地说，他会搜寻里面存在的微生物，即一群通常用肉眼看不到的微小生物。这是一个概括性术语，涵盖了各种生命形式，包括细菌（通常是棒状、球状或螺旋状的单细胞生物）和真菌（如酵母菌和霉菌⊖）。

从某种意义上说，微生物统治着整个地球，它们几乎随处可栖。在珠穆朗玛峰的山顶，在地表以下的岩石圈；在纳米布沙漠（Namib desert）和马尾藻海（Sargasso sea)；在温泉、乌云、深海沟、液态沥青颜料、大豆的根系、热带毛毛虫的内脏里，当然，还在我

⊖ 当然，如果你偶然发现一块被遗忘已久的面包或是一块陈年奶酪，你就会知道当菌落长到足够大时，霉菌的确是肉眼可见的。

们的身体里。我们的身体是微生物生生不息的家园；有些微生物能够导致疾病，也有一些有助于我们身体保持健康的状态。有的微生物能够帮助我们消化食物，有的保护我们不受感染，有的让我们的新陈代谢和免疫系统保持正常运转，有的甚至会影响我们的大脑，塑造我们的情绪和行为。据最新估计[1]，我们体内的细菌细胞数量和人体细胞总数差不多。

在菲勒的职业生涯中，他一直在世界各地寻找微生物，到过巴拿马、新西兰和南极洲。现在他要把注意力转移到一个少了些异域风情的地方：我的淋浴喷头。最初和我谈起这项研究时，他承认道："这听起来太疯狂了，这是最随机的采样环境，但事实证明在你的淋浴喷头里确实存活着大量细菌。"这些细菌聚集在一起形成一层层又薄又黏的生物膜。（生物膜并不只存在于淋浴喷头中，它们可以附着在各种物体的表面，包括河石、医疗植入物和牙齿等。例如，牙菌斑就是一种生物膜。）

喷头里的微生物不会一直留在喷头里，当热水喷涌而过时[2]，一些微生物会随着水流喷出来。菲勒说道："然后，你就通过呼吸直接把它们带进了肚子，我认为这是我们接触细菌的一个非常主要的方式。"但是在几年前，菲勒突然意识到科学家并不了解当我们进入淋浴间时吸入的到底是哪些物种。于是他决定一探究竟。他与北卡罗来纳州州立大学的生态学家罗布·邓恩（Rob Dunn）合作，着手在全美范围内搜寻了数百个喷头。他们一起详细记录了每个喷头里隐藏的微生物种类，分析了各家喷头里微生物种类的不同之处，并开始研究微生物会对我们产生怎样的影响。

可以说，这项研究是室内生态学这个新兴领域的产物。菲勒和邓恩是众多勇敢的室内探险家中的一员，他们已经开始调查栖息在我们家庭环境中的各种看不到的生物。邓恩告诉我："我们刚刚打开这个巨大的未知领域的黑箱，去探索与我们共同生活的各种生物。"我们的家不只是肉眼看到的样子，即使最耀眼的房子里也存在活跃的、看不到的生态系统。最新研究表明，微生物的生命与我们的生命密不可分，对微生物多加注意可以帮助我们创建更健康的居住环境。

前景既令人向往，也让人惴惴不安。我对室内微生物的世界了解得越多，对它们就越着迷。做饭时，我会想到真菌，洗澡时，又会想到细菌。在家里，我开始感觉自己像个外来者，因为我对自家屋檐下发生的一切知之甚少。我想是时候去了解我家的微生物们了，于是拭取了淋浴间的样本，出发去科罗拉多见那位专门研究浴室喷头的人。

我到达科罗拉多大学波德分校的时间是一月初，刚好是寒假过后上课的第一周。当粗犷豪放、面色红润、胳膊下还夹着一个自行车头盔的菲勒送我到他位于环境科学楼的办公室时，学生们正接二连三地穿过中间的四方庭院。"这里就是奇迹发生的地方。"他边说边用手指着他那位于二楼的阳光充沛的实验室。后墙边摆放的四个大冰柜里塞满了样本：科罗拉多的土壤、阿拉斯加的苔藓、哥斯达黎加的毛毛虫……全部都充满了微生物。

菲勒用排除法找到了他最终的使命[3]。大学毕业时，他获得了生物学和艺术史双学位。他不停地在各种研究工作间更换，曾研究过蝾螈和鸟类，还花了两年时间在以色列的沙漠捕捉野生沙鼠。他讨厌沙鼠："它们很恶心，还总想咬我。当时我就在想'我不想研究动物了'。"所以后来他尝试去俄勒冈海岸研究树木。"我喜欢植物，但我发现它们也并没有那么令人心仪。"他承认道。就这样，这位雄心勃勃的生态学家排除了进一步研究动植物的想法。

20 世纪 90 年代末，菲勒开始攻读研究生，他决定从更小的角度考虑问题。他开始研究土壤以及土壤里的微生物，这些微生物分解有机物并循环使用其营养物质。他来得刚刚好，基因（DNA）测序技术的发展即将为微生物学打开方便之门。

虽然细菌不咬人，但研究它们也面临诸多挑战。很多细菌在实验室里生长得并不好，有的压根儿就不生长。基因测序的兴起为辨识细菌提供了有力的新方法，使科学家可以收集土壤或水的样本，然后对其中包含的所有基因进行测序。这样，他们就可以将这些序列与已知的细菌和真菌的基因组相匹配，快速了解其中存在的微生物。随着基因测序变得越来越简单、便宜、快速，很多微生物学家利用这项技术对生活在各种室外环境中的微生物进行了清点，从北极浮冰到亚马孙的灌木丛，等等。但是一小部分科学家开始好奇，如果更仔细地观察我们的家，会有什么发现呢？菲勒告诉我："我们在室内花费了大量时间，而且我们日常生活中遇到的大量微生物其实都在我们的家里。"

2010 年，菲勒首次涉足室内微生物世界[4]，对校园的 12 个洗手间里的细菌进行了分类。⊖第二年[5]，他又研究了住宅厨房中的微生物，又和罗布·邓恩合作启动了"家里的野生生命"（Wild Life of Our Homes）研究项目。他们在北卡罗来纳州开始进行小规模的试点研究[6]，招募了 40 个家庭，让他们用棉签刮擦家中的 7 处物体

⊖　在这些发现中，"有趣的是，一些马桶冲水把手上的细菌群落与地板上的细菌群落相似。"菲勒和他的同事写道，"这表明这些马桶的使用者可能用脚拨动把手冲水（这对于细菌恐惧症患者和那些曾不幸使用过不太卫生的卫生间的人来说是一个熟知的操作）。"

表面作为样本：厨房台面、砧板、冰箱隔板、枕套、马桶座圈、电视机屏幕和室内门框四周的装饰。

各家房屋里挤满了微生物——平均有 2 000 多种。家里不同的位置形成了不同的微生物栖息地：厨房里藏着和食物有关的细菌，而门口则覆盖着通常生活在叶子上和土壤中的物种。从微生物角度来看，马桶座圈和枕套非常相似：二者都被通常寄居在我们的皮肤上和口腔中的细菌占据着。

除了这些共性，各家之间也存在很大差异。每家都有各自独特的微生物组成特征，寄居着不尽相同的微生物群体。研究者也无法解释其原因。因此，菲勒和邓恩启动了第二轮研究[7]，邀请居住在美国各地的 1 000 多个家庭用棉签拭取室内门框周围的装饰表面，并提供灰尘样本。菲勒对我说："我们之所以侧重研究这里是因为没人会清理这个地方，或者说不经常清理，或许你是个例外。"（但我不是。）由于这里的灰尘经历了长年累月的积聚，因此他俩希望能够据此尽可能全面地了解室内生活，理清在过去的岁月里漂浮、爬行、掠过的微生物。正如邓恩所说："每一缕尘埃都是你生活的缩影。"

回到实验室，他们对各个灰尘样本中的基因片段进行了分析，列出了存在的所有微生物。数量惊人。室内灰尘中共计包含 116 000 种细菌和 63 000 种真菌的基因[8]。邓恩对我说："真菌的多样性着实让人震惊。"在整个北美地区，能叫得上名字的真菌只有不到 25 000 种[9]，这就意味着我们的房屋里可能充斥着在科学上尚且未知的微生物。实际上，当研究者对比室内灰尘和志愿者从室外门框周围提取的样本时，他们发现室内的微生物比室外的种类多。

　　菲勒和邓恩识别出的一些物种源自室外，通过附着在我们的衣物上被带到了室内，或是通过敞开的窗户飘了进来。（微生物来到室内时，可能并非全部存活，基因测序可以识别样本中存在的微生物，但无法区分其生死。）其他种类的细菌实际上是在我们的房屋里成长起来的——在我们的墙壁里、管道里、空调里、洗碗机里等。还有一些来自我们家里的植物或我们的食物。

　　事实证明，很多室内微生物都生活在我们身上。菲勒说："我们不断地从身体的各个孔口和部位排出细菌，这没什么可恶心的。事实就是这样的。"我们每个人身上的微生物群系（寄居在我们身体里或者体表的微生物群体）都是独特的，我们在生活过的地方都留下了各自的微生物标记[10]。在一项创新的研究中，研究者追踪了三个搬到新家的家庭，每个家庭独特的微生物群体在数小时内就占据了新家[11]。科学家——以杰克·吉尔伯特（Jack Gilbert）为首，当时他是芝加哥大学的微生物生态学家——甚至可以甄别出哪些微生物来自哪位家庭成员。吉尔伯特解释道："待在厨房时间较长的人，他们所携带的微生物群体就会占领那个地方，待在卧室时间较长的人，他们所携带的微生物群体也会占领那里。你可以据此判断出他们的行动轨迹。"

　　确实，出现在一个家里的细菌很大程度取决于那里的居住者。菲勒和邓恩发现乳酸杆菌（阴道微生物群系的主要组成部分）在女性成员多于男性成员的家庭中含量最高[12]。当男性成员居多时，通常生活在肠道里的罗斯氏菌以及分布在皮肤上的棒状杆菌和皮肤杆菌则快速发展。众所周知，棒状杆菌寄居在腋窝，会产生狐臭。邓恩大胆猜测："男人的房间闻起来更像狐臭味，从微生物的角度来讲，是一个公正的评价。"这些发现是基于不同性别在皮肤生物学方面的差异；相较于女性，男性的皮肤上往往存在更多棒状杆菌，向环境中排出的皮肤微生物就更多。（研究人员也承认，单身公寓的细菌特征可能是"卫生习惯"的结果。）在一项后续研究中[13]，菲勒和他的同事表明，仅通过分析尘土里的细菌，就可以准确判断出大学宿舍里居住的学生的性别。

同时，狗也会将自己唾液和粪便里的微生物带到家里，外面泥土里的微生物也会随着脚下踩的泥土而进了家门[14]。（当邓恩告诉狗狗主人他们的狗狗菲多正把整个微生物园搬进自己家里时，他们似乎并不介意。他对我说："大多数时候，我们的对话都是非常美好的。"不过，他特别指出："如果我告诉他们每次他们的邻居来过之后，都会带来有益的微生物以及一些病原体，那么他们会想赶快擦洗一番。"）猫对家里的微生物结构影响不大，可能是因为它们体量较小，而且不经常外出。仅凭灰尘的基因测序，菲勒和邓恩就能将一个家里是否养猫或狗推断得八九不离十。

家里的细菌大部分来自我们自身（以及我们的宠物），而真菌则是另外一回事儿了。我们家里自有的微生物群里真菌含量不太多，房子里的真菌物种主要来自室外[15]。菲勒和邓恩发现，一个家庭里的真菌特征很大程度上取决于房屋的地理位置。美国东部各州的房屋所含的真菌种类与西部不同，潮湿气候中的房屋所含的真菌种类也不同于干燥气候中的房屋。由于地理关联性非常强，因此菲勒和邓恩可以根据真菌的基因来判断房屋灰尘样本的来源，判断精度在 241 千米范围内[16]。

菲勒和邓恩也确实发现了 700 多种在室内比室外更加常见的真菌，包括各种霉菌、酵母菌、可食用蘑菇以及寄居在人体皮肤表面的真菌[17]。带地下室的房子里的真菌与不带地下室的房子不同。由于一些真菌物种以木材和其他建筑材料为食，因此房屋的建筑材料也影响着寄居真菌的种类。邓恩对我说："这有点像《三只小猪》的故事，石头砌的房子供养的真菌与木屋和泥屋都不同，因为真菌与细菌不同，真菌需要以房屋为食。"

一栋栋建筑、一个个物种、一次又一次的刻苦钻研，我们正开始丈量室内微生物，填补它们浩瀚帝国的地图。在各种可能的室内栖息地，我们都发现了它们的存在，包括教室和办公室、健身房和公共卫生间、医院里和飞机上。洗碗机里有黑色的酵母菌，国际空间站上有耐热菌，纽约市的地铁里到处都是和脚有关的微生物[18]。"这很可能是因为你每走一步，你的脚后跟都会抬起来然后再踩下去，把脚底的一丝丝空气挤到周围的环境当中，"诺曼·佩斯（Norman Pace）是负责地铁领域研究的先驱微生物学家，他继续说，"现在，想象一下——数百万人在那里跑来跑去，他们每迈出一步，都会释放出一些足部微生物，这数百万人的足部微生物在一点点汇集。"

研究表明，并不存在"典型的"室内微生物，即使最基本的室内设计也影响巨大。俄勒冈大学生物与建筑环境（BioBE）中心的高级研究助理杰夫·克兰（Jeff Kline）说道："如何安排空间，包括让哪些空间相邻、把哪些空间隔开——做出这些决定是建筑师的基本工作，而这些决定在塑造微生物群系方面影响甚大。"

当一群生物与建筑环境研究员从校园内一栋四层的建筑中收集灰尘时，他们了解到地处中央且人员密集的空间（比如走廊和教室）里面的细菌种群不同于那些地处偏僻、人员不那么密集的区域（如教工办公室和机械间）[19]。而且两个房间的联系越紧密，也就是说从一个房间到另一个房间要穿过的门越少，两个房间里的微生物群系越相似。房间的大小和楼层不同，其中的微生物也有所不同。

生物与建筑环境科学家们也发现透过窗户的光照可以抑制室内灰尘中一些细菌的生长[20]，而且比起那些被人体微生物占据的利用机械通风的房间，那些带有可开关窗户或是能够自然通风的房间，更容易成为植物、土壤和水中微生物的家[21]。

的确，随着建筑设计从原来的与户外相对连通的房屋到与之隔离的房屋的演变，室内微生物群系也发生了演变。邓恩说："根据进入房屋的微生物的数量，各房屋形成了一条梯度变化曲线。"在2016 年的一项研究中[22]，一个国际科学家小组对亚马逊河盆地的四个社群中的家庭进行了采样：一个偏远丛林中的村庄、一个田园村庄、秘鲁的伊基托斯市（Iquitos）和有"森林之城"美誉的巴西马瑙斯市（Manaus）。丛林村庄的居民住在用木材和芦苇搭建的宽敞茅草屋里。茅草屋完全是开放式的，脚下是泥土地，没有内外围墙。在田园村庄中，房屋都有外墙，但是室内几乎不分区，没有室内卫生间，通常由木材、茅草、砖块和白铁搭建而成。两种村庄的房屋里都充斥着环境中的细菌，包括与土壤、水和昆虫相关的细菌物种。而城镇房屋都有用砖、白铁或水泥做的外墙，有室内卫生间，还有用来分隔各个房间的室内隔墙。这些房屋里充满一般寄居在人体里和体表的细菌⊖。

然而，即使在密封的建筑里，微生物群系也不是一成不变的，

⊖ 当与生物人类学家一同在坦桑尼亚西部采集黑猩猩巢穴样本时，邓恩发现动物居所的情况更加极端。他告诉我："黑猩猩巢穴里充满了环境微生物，你根本无法辨别里面是否曾住过黑猩猩。"

会随着住户的进进出出或是环境条件的改变而改变 [23]。潮湿的环境会促进细菌和真菌的生长 [24]，而严格的清洗方案能够 [25]，至少暂时能够减少微生物的数量和种类。菲勒说："密封建筑里的微生物群系真是一个动态的系统。"

　　我们的建筑简直是丰富的生物乐园，里面存在的远不止微生物。室内生态学家的每一次新发现都向我们昭示我们身边丰富的生物多样性，而且还有很多有待探索。比如，我们对栖息在家里的昆虫知之甚少，即使只进行基础调查都能有重大发现。这是邓恩通过在全美招募 2 000 多名志愿者搜寻家里的驼螽而得出的结论 [26]。这些驼螽中大约有 150 种源自北美，大多数生活在森林里，但是有一些栖息在地下室和地窖里。邓恩想要确定的是，它们在美国人的家里分布的广泛程度。

　　最后发现驼螽很常见，尤其是在美国东部地区，28% 的住宅里都有它们的存在，邓恩对此并没有感到十分惊讶。真正令他震惊的是这些驼螽居然很少有本地土生土长的。在这些证实存在驼螽的住宅里，只有 12% 是北美物种。其他住宅里都是外来物种——亚洲驼螽，它们居然穿越了太平洋来到这里。据悉，这些亚洲驼螽并不是本来就生活在我们的家里，但是不知什么时候在神不知鬼不觉中成群结队搬了进来。

　　驼螽不足为道。2012 年，邓恩团队探寻了北卡罗来纳州的 50 栋住宅，想要记录他们可以找到的每一个节肢动物（一组无脊椎动物，包括昆虫、蜘蛛和蜈蚣）[27]。最后他们收集了 10 000 多个标本，包含了 500 多个物种，平均每栋住宅里都有大约 100 种。他们发现了蜘蛛、银鱼、弹尾虫、蛀虫、蠼螋（地蜈蚣）、驼螽、蟑螂、白蚁、蜈蚣、千足虫、黄蜂、蚂蚁、蜜蜂、甲虫、蛾子、跳蚤、螨虫、虱子等。

他们发现每栋房子里都有地毯甲虫、结网的蜘蛛、瘿蚊和蚂蚁，而且，除 1 栋房子外，其他房子里都有书虱。他们还发现了食肉动物、寄生虫和食腐动物（以动物尸体、狗粮和剪下来的指甲等为食的昆虫）。他们发现的一些甲虫和苍蝇曾在考古现场出现过，这表明这些生物与我们共享同一个家园已有数千年了。邓恩告诉我："有很多物种已经在这里存在数千年了，只不过我们没有太注意，这才是最让我兴奋的地方。"

从那以后，邓恩就开始对生活在秘鲁、瑞典、日本以及其他地方房屋里的节肢动物进行分类，希望了解影响其存在和分布的因素。仅通过对美国住宅灰尘中的节肢动物进行基因测序，他和菲勒就有了初步发现 [28]。农村房屋中的节肢动物种类比郊区或城市房屋里的更繁多；家里养猫狗或有地下室的房屋里节肢动物种类也特别多。菲勒指出："地下室就像是培育节肢动物多样性的温床。"

一些节肢动物被食物残渣或电灯吸引而来，在我们的家里来来往往。"你的房子实际上就像一个巨大的诱虫灯。"菲勒解释道。另一些生物则在我们的家度过了整个一生。我们的建筑是一些奇异生命的家园。臭虫和德国蟑螂基本上只居住在人类居所 [29]，而浴室和洗衣机里生长的黑酵母菌与在土壤和腐烂叶子上生长的黑酵母菌似乎在基因上也存在不同 [30]。邓恩解释说："我们在家里搭建的新栖息地似乎为真菌提供了新的领地。"而且菲勒最近在学校宿舍的空调过滤器中发现了一种新型病毒 [31]。

因此，我们的家不仅是一个个生态系统，还全部都独一无二，寄居着适应各个室内环境的生物物种，并推动其朝着新方向进化。室内微生物、昆虫和啮齿动物都进化出了在我们的化学攻击下存活的能力——对抗生素、杀虫剂和毒药都产生了抵抗力[32]。（据悉，德国蟑螂已经进化得厌恶葡萄糖[33]，而葡萄糖通常被用作诱捕蟑螂的诱饵。）一些室内昆虫觅食的机会比室外同类少[34]，因此它们似乎已经进化出了在食物短缺时生存的能力。邓恩和其他生态学家已经指出[35]，随着地球变得更加发达和城市化，更多物种将会进化出能够满足室内生存要求的特性。（在足够长的时间内，室内生活也可以推动我们的进化。也许我的宅人本性代表的就是人类的未来。）

我们已经创造并塑造了这些生态系统，但是我们本身也是其中的一部分，生态系统也在反作用于我们，影响我们的健康和幸福。家里的蟑螂和尘螨可能会引起过敏。苍蝇、蜱虫和蚊子可能会携带疾病。（菲勒和邓恩在很多室内灰尘样本中发现了居住在蜱虫、跳蚤和虱子体内的立克次氏体细菌，它能够导致疾病，从斑疹伤寒到落基山斑疹热等[36]。）这些害虫也会对居住者的心理产生影响。2018 年对公共住宅居民的一项调查表明，蟑螂横行可能会增加居民抑郁的风险[37]。

然而，其他室内节肢动物可以保护我们免受疾病侵害。在泰国[38]，家里的蜘蛛捕食携带登革热病毒的蚊子；在肯尼亚，它们吞食携带疟疾病毒的蚊子。一些非洲和拉丁美洲社会早就认识到室内蜘蛛纲动物的好处，居民会故意将蜘蛛带进家门作为防控天然害虫的一种方法[39]。

除了以上这些动物，我们的家里也满是植物，即使你没有养任何榕属植物或蕨类植物，花粉等植物物质也会从室外飘进来。菲勒和邓恩发现，位于太平洋西北部的房屋中含有大量苔藓和柏树的 DNA[40]，而东南部的房屋则富含温暖气候中的草类 DNA。据了解，他们检测的室内植物物种中大约 8% 都会产生过敏原。菲勒说："我们总是认为只有室外才有花粉，其实在我们的家里也有大量花粉存在，每当你走过地毯时，你都会踢起 4 个月前来自树上的某些物质。"⊖

如果你超越生物学范畴去看，会发现更多潜在的室内风险。铅仍然是一个重大的公共卫生问题，而与癌症、神经发育迟缓和激素问题有关的阻燃剂也渗透在我们的很多家居用品当中，从沙发到电视等。我们平常在家里进行的很多基本活动，像做饭和打扫卫生，都会产生一旦吸入会引发危险的气体和悬浮颗粒。在最近的一项实验中[41]，科罗拉多州的一个研究小组得出结论：准备一顿丰盛的感恩节晚餐会使家里的空气质量指数飙升至 200 以上，达到"非常不健康"区域等级。（尽管理论上来讲，室内植物有助于净化室内空气[42]，但在实践中，很难在家里存放足够多的植物来产生有意义的改变。）

所以，如果一只烤火鸡就会刺激我的肺，一点点带有花粉的灰尘就会让我打喷嚏，几只昆虫就会让我发痒的话，那么数十亿的室内细菌又会对我产生什么影响呢？

⊖ 出现在室内灰尘样本中的一些其他植物物种就更加令人好奇了。菲勒说："我们发现了咖啡基因，还发现了橄榄基因。"他们还发现了稻米、茶和香蕉的基因。这些植物可能不会在美国本土的任何住宅或住宅附近生长，但是人们在家里食用这些植物。每当你煮一壶咖啡或者把一根香蕉放入搅拌机时，这些食物的一些颗粒可能会掉在你的台面、地板或是门口的装饰物上。这是记录在灰尘里的用餐记录。菲勒告诉我："理论上，我们可以根据你客厅房门的装饰物中存在的植物基因来判断你吃了什么，我很乐意进行这样的一项研究——从不同的餐馆提取灰尘样本，然后看看你是否可以组合出菜单。"

　　我们知道，住在家里的一些微生物会引发疾病。长在墙壁里面和表面的黑霉会引起过敏和呼吸问题。烟曲霉（Aspergillus fumigatus）生活在我们的枕头上，这种真菌会导致免疫力低下的人肺部感染[43]。嗜肺军团菌（Legionella pneumophila）是一种能引起军团菌病的细菌，喜欢室内管道，潜伏在热水箱、冷却塔和水龙头里，通过空气，或雾和水滴传播。菲勒和邓恩发现，能引起链球菌性喉炎、鼻窦和耳部感染、红眼病、脑膜炎和肺炎的链球菌（Streptococcus bacteria）在我们家中比在室外更丰富[44]。尽管这些微生物的存在不一定是危险的，而且并不是所有菌株都会致病，但建筑确实会为疾病传播提供基础设施。空气中携带的流感病毒会通过办公楼的通风系统传播。一缕链球菌可以把门把手变成一个传播疾病的媒介。

　　然而很多室内微生物是完全无害的，有的甚至还会让你终身受益。近几十年来，哮喘、过敏和自身免疫性疾病的发病率在工业化国家急剧上升。一些科学家提出理论称[45]，这些疾病的日益盛行可能要归咎于我们现代的生活方式使我们远离了在人类进化的大部分时期围绕在我们祖先周围的强健的微生物群。因此，我们的免疫系统从未得到适当的锻炼。[⊖]

　　越来越多证据支持这一理论。研究显示[46]，狗会增加家里的细菌丰富性，与狗共同生活的孩子对过敏源不是特别敏感，患哮喘的可能性也较小。（狗可能是免疫系统最好的朋友。）在农场长

　　⊖　这一理论最初被称为卫生假说（hygiene hypothesis），但这一术语具有误导性，易使人认为基本的环境卫生和个人卫生习惯才是罪魁祸首。（请注意：不要不洗手。）这并不是说我们的环境"太干净"，而是各种各样的因素，包括城市化、家庭规模的缩减和抗生素的广泛使用，使我们不再像早期生活中那样能够接触到那么丰富的微生物。

大、接触家畜及其身上的微生物的孩子似乎也同样不容易过敏和
患哮喘[47]。

　　一些最有力的证据来自对美国阿米什人（Amish）和哈特莱特
人（Hutterites）这两个农业社区的调查。尽管这两个社区有很多共
同点（包括家族庞大和中欧血统），但阿米什儿童中只有 5% 患有哮
喘，而哈特莱特儿童患哮喘的比例则高达 21%[48]。这两个社区农业
习俗也不同。阿米什人通常不使用电力，居住在单户农场，采用传
统的农业方法，用马犁地。儿童经常在家附近的牲口棚里玩耍。哈
特莱特人则生活在大型工业化农场，完全采用高科技工具和设备，
他们的孩子接触牲畜的机会也较少。

　　这些差异可能会影响儿童与微生物的接触和免疫系统的发育。
2016 年，科学家报告称[49]，从阿米什家庭收集的房屋灰尘里内毒
素（endotoxins，一种在细菌细胞膜中含有的分子）水平高于哈特莱
特家庭。另外，在对两个社区的儿童抽血取样时，他们发现，相较
于哈特莱特儿童，阿米什儿童血液中中性粒细胞（nentrophils，一
种帮助身体对抗感染的白细胞）较多，嗜酸性粒细胞（eosinophils）
较少，而嗜酸性粒细胞在过敏反应中起了关键作用。

　　研究人员还配了一些房屋灰尘混合物，将阿米什家庭和哈特莱
特家庭的房屋灰尘样本分别与水混合，注入小鼠的鼻腔，然后将小
鼠暴露在过敏原中。注入哈特莱特人房屋灰尘混合液的小鼠反应与
预期一致：它们的气管在颤抖和抽搐。但是注入了阿米什人房屋灰
尘混合液的小鼠呼吸一直较为顺畅，似乎没有受到这种过敏反应的
影响。

　　尽管仍有很多东西要研究，但科学表明，一个健康的家是充满

"不速之客"的。菲勒告诉我："我们每天都接触微生物，而它们中很多都是无害的，或者说，可能是有益的，我们并不想要无菌的房子。"这很好，因为事实证明我也没有这样的房子。

我拆开淋浴喷头一年后，收到了一封电子邮件，写道："请查收您的淋浴喷头数据！"我紧张地点击了那条信息。尽管我已经了解到微生物无处不在，但此前的几个月里我依然忧心忡忡。我的淋浴喷头看起来是如此一尘不染，我想菲勒可能根本找不到任何微生物。如果我那超级干净的淋浴喷头破坏了整个研究怎么办？

我早该知道的。我的淋浴喷头里聚集了各种各样的生物。充满了慢生根瘤菌，这是一种常见的细菌，存在于土壤和自来水中，还有鞘氨醇单胞菌，一种杆状细菌，可以分解一些常见的污染物。里面还含有一些更加神秘的住客的痕迹，包括一种叫作 RB41 的生物，曾在狗鼻子里和旧石器时代洞穴壁画中发现过[50]。还有一种被叫作 MLE1 的生物，与蓝绿藻类有关，但其能量来自碳水化合物，而不是阳光。那么 MLE1 在我浴室里做什么？

"我不知道，"菲勒承认道，"它是几年前才被发现的，而且还没有人能够在实验室里培育它，所以我们真不知道它能做什么。但是它大量存在于很多淋浴喷头样本里，我认为这一点相当有趣，因为淋浴喷头并不是一个奇特的环境。我们说的是家家户户都有的淋浴喷头，却能从中找到从未被真正研究过或没被好好研究的重要菌群。"

在我的淋浴喷头里，有一种微生物占统治地位：分枝杆菌，一个包含了近 200 个物种的生物家族。分枝杆菌有顽强的吸附力，不受热水和氯的影响，被吸入体内后会引发一些非常严重的疾病，包括肺结核、麻风病，以及所谓的肺结核分枝杆菌肺部感染，这种疾病在美国和其他地区变得越来越常见 [51]。实际上，菲勒和邓恩发现淋浴喷头里含有可能非常危险的分枝杆菌菌株，与聚集在夏威夷、南加利福尼亚、佛罗里达，以及大西洋中部这些已知为分枝杆菌相关呼吸道感染疾病高发的地区相同 [52]。菲勒说："人们对于从哪里感染这种疾病一直存在争论，这次发现表明人们很可能是从淋浴喷头感染的。"

这对我来说并不是个好消息，因为我的淋浴喷头里 67% 的细菌是分枝杆菌。菲勒说："没什么可害怕的，其中很多完全没有致病性。"这并不是我听到的最安心的话，但是菲勒指出，分枝杆菌是一群复杂而有趣的生物。他说："对此有一些研究表明，当你吸入这些分枝杆菌中的某些时，它们实际上会增强你的免疫力。"菲勒和他的同事们希望通过让老鼠接触他们在美国人浴室中发现的特定的一些特别的分枝杆菌菌株来开始厘清这些细菌的区别。

在我们能够区分这些细菌的好坏之前，很难知道对我的喷头的调查结果有什么用。菲勒和邓恩确实发现 [53]，在像我家那种金属喷头里的分枝杆菌比塑料喷头里的要多，但尚不清楚我更换喷头是否会真的有什么好处。菲勒劝我不要恐慌，要正确看待结果。能够对淋浴喷头里的神秘分枝杆菌感到大惊小怪是件奢侈的事。在世界的很多地方，水中携带了更加危险的生物，像引起霍乱的细菌，而且即使在美国，也无法保证每位居民都能获得干净的水。（问问密歇根州弗林特市⊖的居民就知道了，他们将在未来数年里与铅污染水中的放射性尘埃打交道。）我很幸运，我家的水如此干净。菲勒说：

⊖　弗林特是一个低收入社区，这并非巧合。不良室内环境的负担主要落在穷人身上。

"我并不想散播恐慌，我最不希望人们因为担心细菌而每三个月更换一次淋浴喷头。"

所以我会暂时保留我的浴室喷头，但是我还能做点什么来构建一个更加健康的家庭微生物群呢？理论上，我们应该能够培育我们的室内微生物园，清除危险物种，帮助健康物种茁壮成长。美国国家科学院、工程院和医学院在 2017 年的一篇报告中写道："将来 [54]，可能会设计出维持健康微生物群的建筑。"

保持房屋健康的最佳方法绝对是保持其干燥。只要不被淋湿，在我们家中游荡的许多真菌基本上都处于休眠状态。但是一旦出现水流、漏水或只是有点湿度过大，它们就会突然活跃起来并开始蔓延。在一项令人震惊的研究中 [55]，丹麦研究人员发现，在哥本哈根四家不同的商店购买的崭新的石膏板都已经被好几种真菌"预先污染了"，其中包括链黑菌素。当他们把石膏板浸泡在无菌的水中时，这些真菌就开始生长。

除了防潮以外，促进空气流动也有助于消除潜在的病原体和污染物 [56]。移除布满灰尘、皮屑和残渣的地毯能够降低室内过敏原的浓度和持久性 [57]。"从微生物的角度看，地毯是非常恶心的。"菲勒说。

我们还被再三建议不要使用那些专门为杀死微生物而设计的家居产品。美国西北大学（Northwestern University）的微生物学家埃里卡·哈特曼（Erica Hartmann）说："我们在建筑环境中添加的很多东西都是抗菌的，我们把抗菌物质放在建筑材料里，浸渍砧板、各种塑料制品、瓷砖、油漆，等等。我们到处在使用这些抗菌剂。"

　　细菌以闪电般的速度适应了这些抗菌剂，而且在家里使用这些抗菌剂会助推新的超级细菌的出现。哈特曼已经发现了两种抗菌化合物与几种已知可以使细菌对抗菌剂产生抗药性的基因之间的联系[58]：室内灰尘样本中的抗菌剂浓度越高，抗药性的基因越丰富。哈特曼告诉我："这并不意味着接触抗菌剂就是使这些细菌抗药性更强的原因，但是确实值得怀疑，细菌的抗药性变强是一个信号，或许我们应该重新审视一下我们在建筑环境中使用抗菌剂的做法。"

　　另外，在我们的房屋里涂满抗菌剂会将有益微生物连同有害微生物一并消灭。在试图消除建筑物里的病原体的过程中，我们希望能够保留那些可能对我们的健康有益的物种。这就导致了另一项巨大的挑战：我们仍然不太确定它们到底属于哪些物种。菲勒说："医学领域确实非常擅长鉴别致病菌，但不太擅长鉴别有益微生物。"

　　这并未阻止企业销售家用益生菌、家用清洁剂、空气净化器，这些喷雾剂会让你的住所覆盖一层据称是有益菌群的雾。有一种益生菌喷雾剂的生产商声称它能够"恢复健康细菌的平衡"，并"为你的家营造一个健康的免疫防御系统"[59]。但这些产品很少经过严格测试，对其他种类的益生菌（如口服类益生菌）进行的临床试验，其结果也大多令人失望[60]。即便科学家们设法找到了有效的益生菌，但或许还有比在房子周围喷洒，更好地传播这些益生菌的方法。伊利诺伊理工大学（Illinois Institute of Technology）建筑环境研究组的负责人布伦特·斯蒂芬斯（Brent Stephens）说："这（喷洒）似乎是效率最低的传播方法。当我们服用维生素时，我们并不会把它喷到空气中然后绕着它转圈。"

　　而且，要找到一种神奇到能够帮我们抵御感冒或阻止花粉热的理想生物是极其不可能的。甚至连一个理想的微生物群系都没有——从 100 个健康的人身上采集样本，你会找到 100 种不同的微生物混合物。促进一个人健康的物种在另一个人身上可能会导致疾病，某种对发育中的儿童有益的微生物可能对老年人是有害的。所以，在我们对有益微生物一无所知的时候就去设计促进健康微生物群发展的建筑吗？"这就像不知道开往哪个方向就踩油门一样。"加利福尼亚大学圣迭戈分校的微生物群系研究员罗布·奈特（Rob Knight）说道。

目前，培养健康的家庭微生物群的最佳方法并不需要花哨的产品或技术，保持物品干燥即可。放弃清洁剂、纺织品和添加抗菌剂的材料，打开窗户，养一只狗。(或者，如果你能拽得动的话，可以养一头牛。)

最重要的是，我们应该坦然接受一个不容置疑的事实，那就是在我们自己家里，我们在数量上属于弱势。我们的建筑是有生命的，即使其中最小的"居民"也能对我们的幸福产生深远的影响。这似乎令人不安，但同时也表示我们有机会可以精心设计能够切实改善我们健康状况的室内空间。医院是获取这一经验的最佳场所，在医院，设计可能是生死攸关的大事。

第 2 章

单间病房

THE
GREAT
INDOORS

2013 年 2 月，芝加哥一座 10 层楼的医院"护理与发现中心"（Center for Care and Discovery）正式开业。当第一批病人涌入时，他们携带的微生物也随之而入。他们把细菌散播在大厅，把病毒散布在走廊，把真菌带到了病床。而且他们与病友共享这些微生物，并将其传播给后续入住该病房的人。杰克·吉尔伯特（Jack Gilbert）说："当病人搬到新的病房时，他们很快就会被病房里的一些细菌——之前住院者携带的细菌所占据，即使病房已经打扫过，情况也是如此。"他是一位微生物生态学家，在这家新医院里负责一项为期 1 年的微生物研究[1]。

然而，1 天之后，微生物的流动发生逆转，从病人身上转移到房中的各个物体表面。24 小时内，床栏杆、水龙头和其他物体表面上的微生物就会与病人携带的微生物非常相似。"病毒的流动是非常快的。"吉尔伯特说道。病人出院后，这种循环会继续重复——病房的新住客会先获得之前病人的微生物，然后又将自己携带的微生物散播到周围的物体表面，就像一个无休止的微生物传话游戏。

这种微生物交换发生在各种建筑中，但是在医院，由于很多人都携带了病原体，因此可能特别危险。2002 年出现的致命的呼吸道病毒 SARS 在医院和急诊室里传播，患者相互传染并传染给护理他们的医护人员[2]。即使携带病原体的病人出院，病原体仍可能继续存在。如果一位患者感染艰难梭菌（这种病菌会导致严重腹泻甚至死亡），那么后续入住该病房的患者患同样疾病的风险就会更大[3]。

许多住院病人的免疫系统都会减弱或有开放性伤口，很容易受到感染。对抗生素具有抗药性的细菌和真菌的传播使因医疗而受到的感染（影响了全世界 7% ～ 10% 的患者[4]）变得更加危险、难以治疗。

这些挑战促使医疗保健建筑师们开始将微生物纳入设计考虑。当位于瑞典马尔默市（Malmö）的斯科纳大学医院（Skåne University Hospital）的管理人员在 2005 年决定重建他们的传染病科室时，他们试图建造一座在他们称之为"后抗生素时代"（postantibiotic era）依旧安全的建筑 [5]（在这个时代，有效的抗生素消失，流行病以闪电般的速度在世界各地传播）。

为了最大限度减少空间共享，规划团队决定要让每个患者都拥有独立病房，以减少传染病的传播。这种做法的效果是显著的。当蒙特利尔总医院（Montreal General Hospital）把共享病房改成 ICU 单间病房后，患者感染潜在病菌（包括几种耐药性细菌菌株）的比例下降了 50% 以上，而且平均住院时间也减少了 10%[6]。

设计团队所做的远不止于此，他们甚至不希望患者在走廊相遇。因此，他们建造了一栋圆形的建筑，用阳台将楼上的病房完全包裹起来。每间病房都有两扇门，一扇通往医院内部的走廊，主要供医护人员使用，另一扇直接通往室外过道。患者通过外门进入自己的独立病房。"你可以直接把患者从室外带到各自的病房，这样他们就不会坐在等待区咳嗽、发烧。"托尔斯滕·霍尔姆达尔（Torsten Holmdahl）说道。他是传染病科室主任，也参与了规划。（一楼的门诊和急诊部也有可以直接从医院外部进入单独检查室的入口。）

室内和室外入口都通向小型接待室，工作人员和访客可以在这里洗手、消毒，必要的时候还可以在这里戴上口罩、穿上大褂。（尽管证据比较繁杂，但一些研究表明，提供便捷的洗手池和手部消毒剂可以改善医护人员的手部卫生，降低临床医生将细菌从一个病人传播给另一个病人的概率[7]。）

带有密封门的接待室也是加压的，可以防止受污染的空气流入。霍尔姆达尔说："它既保护病人不受外界感染，也保护外界不受病人感染。"特意设计的超大病房可以在疫情或流行病暴发时改成双人间，或者通过加速通风和锁紧前厅门改装成高风险隔离室。

霍尔姆达尔告诉我，这栋建筑在 2010 年开放，总体上运行良好，而且疾病似乎不像在旧建筑里那么容易传播。虽然科学家还没有正式分析病人的治疗结果，但这次重新设计预示着未来建筑师们会认真看待微生物。而且此事适合在医院进行，这里正是被称为"循证设计"（evidence-based design）的学科的诞生地。

在过去的几十年里，研究人员已经收集了大量证据，证明医院的设计会影响患者的治疗效果。他们发现，医院的建筑风格确实可以挽救生命。正确的设计决策能够减轻压力、缓解疼痛、改善睡眠和提振情绪、减少医疗失误和防止患者摔倒、抑制感染及加速康复[8]。成千上万的研究已经非常清楚地表明：好的设计就是一种药物。

现代医院是对可以追溯到几个世纪前的思想的最新体现[9]。纵观历史，很多社会都创造了独特的机构来照顾病患。古希腊人建造了庙宇，生病的人们可以向医神阿斯克勒庇俄斯（Asclepius）祈求指引，而罗马人则为生病和受伤的士兵建造了军事医院（valetudinaria），在中世纪的欧洲，医疗保健通常与宗教交织在一起，修道院经营医务室，神职人员经营独立的基督教医院。

随着医疗实践变得更加科学和专业化，非宗教医院的数量在
18 世纪及 19 世纪初激增。这些主要为穷人服务的医院并不完全是
希望的灯塔：它们资金不足、拥挤不堪、黑暗、肮脏又危险。病人
们不仅共享病房，有些甚至还共享病床。传染病肆虐，能负担得起
的人通常还是在家里接受治疗更好。

正是这种骇人听闻的状况最终促使英国护士弗洛伦斯·南丁格
尔（Florence Nightingale）采取了行动[10]。1854 年，南丁格尔前往土
耳其照顾在克里米亚战争（Crimean War）中受伤的英国士兵。她被
安置在一个位于改建营房里的临时医院。那栋楼里到处都是虱子、
跳蚤和啮齿动物。水都被污染了，排水系统也很差，病房的地板上
满是污水。基本用品短缺，病人们裹着肮脏、浸透鲜血的床单。

尽管遭到了军方领导的反对，南丁格尔还是发起了一场清洁
运动。在她的指导下，医院的工作人员为士兵们洗澡、洗床单、疏
通堵塞的管道和排水管、更换布满害虫的地板，还用石灰清洗了病
房。虽然病原菌学说（the germ theory of disease）当时还没有站稳
脚跟，但南丁格尔凭直觉发现了后来被微生物学家证实的结论：新
鲜空气的稳定流通可以减缓传染病的传播速度。因此，为了改善医
院的通风状况，她让人安装了能打开的窗户，还在屋顶增加了通风
口。最后，死亡率下降了。[⊖]

战后的几年里，南丁格尔发表了大量报告，呼吁对医院设计
和运营进行改革。当然，她不仅倡导改善卫生条件，还建议医院为
每个患者提供更多空间，调整建筑朝向，使采光最大化，并优先

⊖　南丁格尔并不是唯一一个倡导医院变革的人，死亡率的下降也不能全部归功于
环境的改变；她还改变了管理和运营方法，改善了营养，制定了更加系统的摄
入程序，打击了导致护理人员缺乏所需用品的腐败行为。

考虑自然通风 [11]。［她在 1859 年首次出版的《医院札记》（*Notes on Hospitals*）中写道："把病人紧紧关在因人太多而且病房密闭的闷热空间就如同把他们放进慢烤箱里烘烤。" [12]］她对窗户的重要性的描述充满了诗意。她写道："根据经验，我提到光在促进康复方面效果非常明显，其各类情形包括：能够看到窗外的风景，而不是看着一面不动的墙壁；能够看到花朵明媚的颜色；能够沐浴着床头旁窗户透过的阳光在床上看书。大家都说这种效果是心理上的。或许如此吧，但是对身体的效果一点也不比这小。" [13]

南丁格尔赞同一种新兴的设计理念，叫作楼阁式（pavilion-style）医院 [14]，细长的病房像手指一样从中央走廊延伸出来 [15]。两排平行摆放的床沿着病房（或者说楼阁）的长度排开。侧墙上镶嵌大窗，楼阁之间由宽大的草坪或花园分隔开，增加了对流通风。这些楼阁式设施为病人呼吸新鲜空气、享受日光和大自然提供了便利条件，在整个 19 世纪变得越来越受欢迎。

然而这种设计趋势并未延续。随着细菌理论和抗菌概念的普及 [16]，医院将自己与自然界隔绝开来，依靠抗生素和化学消毒，而不是日光和新鲜空气，来减少疾病的传播。在 20 世纪，新的医疗和建筑技术的发展，从 X 光设备到电梯，刺激了医院设计的进一步变革。到 20 世纪 80 年代末，发达国家的医院已经变成了冰冷、无菌的环境，其设计目的是优化员工工作效率，而不是促进病人康复。⊖克莱姆森大学（Clemson University）建筑与健康研究生项目主任戴维·阿利森（David Allison）说："坦率地讲，医疗

⊖ 另一方面，低收入国家的医院可能很难保持无菌。[18] 根据 2019 年世界卫生组织和联合国儿童基金会的一份报告，在世界上最不发达的国家，有 21% 的医疗保健机构缺乏卫生服务，只有 55% 能提供基本的供水服务。

建筑的现状实在令人沮丧，其环境侧重于以工厂模式提供医疗保健服务。"

这时，一个名叫罗杰·乌尔里克（Roger Ulrich）的研究员挺身而出。

罗杰·乌尔里克重塑现代医院的旅程是漫长而曲折的，其开端也是如此。作为密歇根大学地理专业的博士研究生，乌尔里克决定把研究重点放在人类空间行为上。他采访了数十名安娜堡（Ann Arbor）居民，询问他们开车去当地的一个购物中心时如何选择路线[17]。他的受访对象全都居住在同一个居住区，靠近一条限速每小时 112 千米的宽大的高速公路。如果他们选择走这条高速路，就可以在 6 分钟内到达购物中心。然而超过一半的时间他们都选择走一条较慢的路线——一条蜿蜒的山路，两旁是茂密的树林，因为这条路风景更好。

这一发现并不令人震惊，但在当时，这却是为数不多的能够证明人们重视自然风景的研究之一。乌尔里克告诉我："在人文科学界，以及某种程度上，在社会科学界，有一个广泛的概念，即美存在于观察者的眼中，不受科学探究的影响。"

博士毕业后，乌尔里克在特拉华大学（University of Delaware）继续开展他的研究，在那里他更加深入研究了户外景观是如何影响人们的情绪和情感的。在 1979 年发表的一项研究中[19]，他向刚刚参加完一场长时间考试的大学生们展示了一系列幻灯片。比如，向一半的学生展示描绘了树木和田野等日常自然景观的图片，而向另一半学生展示街道、建筑、空中轮廓线及其他的城市环境。看到自然景观的学生在观看完幻灯片后感到开心，而且也不那么焦虑了，而看到城市景象图片的学生往往感觉更糟糕，比看图片之前更加悲伤。在接下来的几年里，乌尔里克证实并扩展了这些发现，开始思考其潜在的应用。乌尔里克很好奇："这有什么用吗？在我们的社会中，哪里有一大群人在一段时间内正经受巨大压力呢？显而易见，答案是医院。"

乌尔里克亲身体会过这一点。他曾经是一个多病的孩子[20]，很容易感染链球菌。"我有一个不幸的天赋，总爱患脓毒性咽喉炎。"乌尔里克回忆道。他在密歇根东南部长大。有时候链球菌会引发肾炎。因此，他对美国的医疗保健体系有相当深入的了解。他说："我那时很疲惫，要去各种各样的医院和办公室，环境通常都很严酷，都是无菌的，在情感上也很冷漠——通常是现代主义建筑，在功能上是高效的，但是缺乏情感上的支持。"他更喜欢在家里躺在床上休养，尽情享受窗外高耸的松树给予的安慰。

当他回想起那棵松树时，脑海里开始形成一个想法：他要找到一家医院，在那里，一些病人可以看到自然界的风景，另一些不能，然后他要对比一下二者的状况。他在东海岸来回奔波，终于在宾夕法尼亚找到了一家拥有 200 张床位的医院，他认为这是开展研究的最佳场所[21]。在医院的一侧，病房几乎一模一样，只是窗外的风景不同：一些能够望到一小簇树木，而另一些只能俯瞰一堵砖墙。乌尔里克回忆称："这近乎是一个自然实验（natural experiment）。"

乌尔里克分析了 1972 ～ 1981 年在该院接受胆囊切除手术的 46 名患者的医疗记录。其中一半的患者被分配到可以俯瞰树木的康复室，另一半则在凝视墙壁的过程中慢慢康复。"结果证明环境对疼痛有很大影响。"乌尔里克说道。平均而言，能看到自然景色的患者比那些看到砖墙的患者所需的麻醉剂剂量更少，出院时间也提前一天。这项研究充分证明了弗洛伦斯·南丁格尔是对的——观赏自然景色确实有助于康复，而且现代医院将病人与自然界隔离的做法是错误的。

当时，医疗建筑师更多的是依靠直觉而非证据进行设计，他们很少会再回到自己设计的医院去查看运行情况。乌尔里克说："建筑师对医疗环境及其如何影响临床结果似乎缺乏严谨的研究，所以我突然想到'难怪医院的设计这么糟糕'。"

乌尔里克的研究于 1984 年在《科学》（*Science*）杂志上发表，这常被称为一个新时代的开端，即后来的循证设计由此诞生。该论文出现得正是时候，当时在医疗保健领域，两个新理念即将取得突破。第一个是承诺提供以患者为中心的护理[22]，将病患的需求放在首位和中心位置。第二个是循证医学（evidence-based medicine）领域的诞生[23]，该领域主张医生的治疗决策应该有严谨的科研支撑。循证设计的概念似乎与生俱来地补充进了循证医学领域。医生都发誓不做伤害他人的事，难道建筑师不应如此吗？

在此后的几年里，研究人员发现了多种改善医院环境的方法。许多研究人员拓展了乌尔里克最初的发现，为大自然的治愈力提供了更多证据。他们发现，几乎任何形式的自然体验都可以做到这一点。在 20 世纪 90 年代初期，乌尔里克报告称，那些被随机分配观看自然图像的心脏手术患者术后的焦虑程度要低于那些观看抽象艺术或什么都不观看的患者，所需的强效止痛药剂量也更少[24]。其他研究人员发现[25]，在接受支气管镜检查时，观看草地壁画并聆听自然声音的患者报告疼痛的更少，与自然相关的视频也能减少正在更换敷料的烧伤患者的焦虑和疼痛感。室内植物也是很有好处的：住在有植物的病房里的外科病人比住在没有植物的病房里的病人血压更低，报告的疼痛和焦虑更少，使用的止痛药也更少[26]。

是什么使大自然如此强大？乌尔里克认为，答案就在于所谓的亲生命假说（biophilia hypothesis）。该假说由著名的昆虫学家威尔逊（E.O.Wilson）提出，他认为由于我们是从大自然的混乱中进化而来的，所以我们对自然界有着与生俱来的喜好。因此，自然环境和图像可以吸引我们的眼球，让我们融入其中，让我们振作起来，让我们忘却痛苦和焦虑。"大自然可以以一种不费力、无压力、有助于康复的方式有效地分散人们的注意力。"[27] 乌尔里克解释道。

即使一次短暂的自然体验也能够引起免疫系统的显著变化。在一系列研究中，东京日本医学院（Nippon Medical School）的研究人员发现[28]，林中漫步可以提高自然杀伤细胞（natural killer cell）的活性和数量，这是一种有助于消灭病毒和肿瘤的白细胞。这一发现与微生物学家们此前了解的并没有太大不同：当我们与自然界以及在大部分人类历史上一直围绕我们的各种各样的微生物保持联系时，人体的工作状态似乎是最好的。一个健康的室内环境有助于我们与更广阔的户外世界的微生物保持联系。

除了绿意盎然的景色，医院的窗户还可以让阳光照进来。住在阳光充足的病房里的患者往往比住在阴凉病房里的患者情况更好。科学家发现[29]，他们使用的止痛药更少，报告的压力更小，出院更快，甚至死亡率也更低。虽然很难找出确切的原理，但阳光可以降低血压、改善情绪、促进维生素 D 生成，而且现在我们还知道它能杀死致病菌[30]。

　　阳光还能使我们的昼夜节律（circadian rhythm）同步。我们的身体每天都在循环运转，我们的呼吸频率、血压、激素水平和免疫活动都随着白天与黑夜的交替而波动。沐浴充沛的晨光使我们的生物钟保持正确的时间，住在阴沉昏暗病房里的患者可能会发现他们的身体机能发生紊乱。除了白天光线太暗外，晚上灯光太过明亮也是医院的失败之处。那些在凌晨还开着灯的病房会扰乱患者的睡眠，损害他们的免疫功能，延迟康复[31]。

　　一些医院一直在试验"昼夜节律照明"，该照明方式利用人造光模仿日光在一天中的强度和颜色的变化。这就意味着早晨光线是凉爽而明亮的，富含蓝色光的波长，随着傍晚的临近，光线逐渐变暗变暖，更接近光谱的黄色端。（帮助我们调节昼夜节律的感光视网膜细胞对短波光最敏感，也就是指向光谱的蓝色端。正是凉爽的泛蓝色光线触发这些细胞向大脑发送信息，提醒大脑早晨已经到来。）

　　如果医院真的想帮助他们的患者休息，他们就必须解决噪声问题。我做过几次小手术，除了身体上的疼痛，最糟糕的就是还要体会没完没了的喧闹。警报刺耳的鸣响，监视器的哔哔声，运输车的声音和工作人员的谈话声在走廊里回荡。医院有时像公路一样嘈杂[32]，而且噪声值往往比世界卫生组织所建议的高得多。

　　2002 年，乌尔里克和他的同事对瑞典胡丁厄大学医院（Huddinge University Hospital）冠心病加护病房的 94 位患者进行了跟踪研究[33]。在为期 2 个月的研究进行到一半时，医院把灰泥材质的、能够反射声音的天花板换成了吸音天花板。更换之后，病情最严重的患者似乎睡得比之前好了，而且表现出更少的生理压力。更令人兴奋的是，安装了吸音砖之后，接受治疗的患者在接下来的 3 个月内再次入院的可能性明显降低。(这些变化也使护士们受益,他们报告称,安装了吸音天花板之后,在工作场所的压力和紧张感减少了。)

换掉天花板砖是一个既好又快的解决办法,但是给予患者平和与安宁的更好方法是给予他们独立的病房。德州农工大学(Texas A&M University)健康系统与设计中心副主任柯克·汉密尔顿(Kirk Hamilton)说:"在(20 世纪)六七十年代,人们认为单间更好,应该多付钱。"但是,拥有单间病房不该仅仅是一件奢侈的事情。汉密尔顿告诉我:"关于为什么患者应该待在更加私密的环境中,还有一个临床医学方面的原因。"

除了减少感染,单间更安静,更方便访客来访,更便于医患交流[34],(一项研究表明,在有坚固墙壁和门的单间中救治的急诊病人隐瞒病史和拒绝部分检查的可能性比只用薄薄的帘子遮挡使其与人群分隔的病人要低。[35])医院可以通过确保患者能够从入院到出院,即使健康状况恶化,也能待在同一间病房,从而进一步提高安全性。这种被称为急性期适用病房(acuity-adaptable room,即通用病房)的创新做法可以减少治疗延误和患者跌倒的情况以及有时因患者被转移到新的科室或护理团队时发生的医疗过失[36]。

这些设计特色中有很多对提升医院的利润也是有益的。2004年,一群医疗建筑师、研究人员和管理人员构想出一座寓言医院(Fable Hospital)[37],这是一个拥有 300 张床位的医疗中心,其设计特色被认为是可以提高患者的治疗效果和员工满意度。德里克·帕克(Derek Parker)是一名建筑师,也是健康设计中心(Center for Health Design)的联合创始人,他提出了寓言医院的构想。他说:"我设想了一个得到了理想体验的客户,如果我们把所有这些研究成果都放在同一间美好的医院会怎么样？"

帕克和他的同事们构想了一座有宽敞、私密且阳光充沛的通用病房的医院：有吸音地板和天花板、静思室、室外花园、室内植物、音乐、艺术品，还有其他便利设施。据他们估计，这些设计特色将使建筑成本增加约 1 200 万美元。然而，通过减少院内感染、病人跌倒、病房转移、药物成本和护士流动，在第一年运营中，他们将为寓言医院节省 1 140 万美元，几乎可以支付其顶级设计特色的费用。帕克告诉我："投资的回报真的很有吸引力。"

寓言医院并非只停留在想象当中。2004 年，帕克发表了这篇关于他的梦想医院的文章，同年，俄亥俄健康中心（Ohio Health），一个非营利性的医疗保健机构，开始规划一座真正的寓言医院[38]。这是一座小型的社区医院，位于哥伦布郊区的都柏林市。俄亥俄健康中心的高管们下定决心要创建对病人和工作人员都有益的最先进的设施。他们聘请的建筑师给他们上了一节循证设计的速成课。都柏林卫理公会医院（Dublin Methodist Hospital）的首任院长、注册护士谢里尔·赫伯特（Cheryl Herbert）还记得当时仔细研读了建筑师们交给她的文献。赫伯特告诉我："我反复阅读了关于寓言医院的文章，最后，我们将寓言医院里提到的 90% 的设计元素都融入了都柏林卫理公会医院。"

该医院于 2008 年开诊，在自然环境方面投入了双倍的精力。大厅里绿叶树木林立，高耸的玻璃中庭中有一座三层半楼高的瀑布。大幅自然景观照片挂满了整栋建筑，所有的住院病房和公共空间，以及很多走廊和员工空间都有面向室外的窗户。所有病房，甚至是急诊病房，都是独立的，其中还有很多通用病房。每间病房里都有一个家庭区，配备了迷你冰箱和双人沙发，访客可以在这里过夜。吸音天花板将噪声降到了最低。"安静是治愈心灵的一剂良药。"赫伯特说道。

赫伯特在 2011 年的一篇文章中报告称 [39]，在医院开诊的最初几年里，患者满意度非常高——高达 90% 或更高，而病人跌倒、院内感染和医疗失误很少发生。她告诉我："现在，该医院运行得非常出色，而且迄今为止，在其相对年轻的生命里一直运行得非常好。"

虽然都柏林卫理公会医院的个别设计元素有证据支撑，但医院是一个复杂的环境，很难精确量化医院设计为其成功所做的贡献。赫伯特说："开诊之后我们发现，很难将设计的影响与很多其他的影响分开。"

确实，令人遗憾的是，很少有追踪循证医院设计长期影响的研究。健康设计中心负责研究的副主席埃伦·泰勒（Ellen Taylor）说："挑战在于生活的阻碍，很多时候，一旦医院开业后就没有资金继续开展研究了。"

即便没有这种长期数据，循证设计也已经改变了医疗机构的外观和感受。乌尔里克说："毫无疑问，它对今天的任何一家大型医院都产生了影响。"美国建筑师协会（American Institute of Architects）发布的设计指南要求所有新医院都设置独立病房 [40]。大窗户、庭院和中庭很普遍，静思室、康复花园和室内盆栽也并不罕见。（一些医院甚至还提供侧重园艺的"园艺疗法"。）

出于显而易见的原因，迄今为止，大多数研究都集中在患者身上——他们的病房、他们的经历，以及他们的满意度。我们对医院设计如何影响那些提供护理的人所知甚少。这是循证医疗建筑领域的下一个前沿课题。研究人员开始更多关注医疗团队的行为、互动及医疗决策方式，他们在思考典型的住院病房以外的东西，开始探索新的医院区域及空间，比如高风险的手术室。

在过去的几个世纪里，手术室的许多演变方式都与医院相同，从大型的、露天剧场式的手术场所转变成了无菌的、密闭的空间。随着外科实践和技术的进步，手术室变得越来越拥挤和复杂。[41]克莱姆森大学医疗建筑学教授戴维·阿利森说："手术室是充满剧烈的人类活动的地方，存在危及生命或改变命运的可能性，这里是一个以机器为导向、以技术为驱动的环境。从历史上来看，并未关注人类的需求。"

今天的手术室嘈杂而混乱，外科医生、麻醉师、护士、技术人员和学生同时在里面工作。他们的工作注重时效、节奏快，在一场手术过程中，工作人员要完成一系列工作任务，包括取回所需用品、校准设备、重新调整灯和监视器的位置、追踪生命体征、更新患者图表、标记和存储样本、接听电话和回复呼叫、应对频繁的中断与干扰。

对病人来说，手术室也是危险的地方。在发达国家，3%～22%的住院手术中会发生严重的并发症，而据研究人员估计，这些并发症中有一半是可以预防的[42]。克莱姆森大学健康设施设计与测试中心（Center for Health Facilities Design and Testing）主任安佳丽·约瑟夫（Anjali Joseph）说："在手术室中，患者是脆弱的，医生的工作时间紧、任务重，这仍是一个需要重点关注安全设计的领域。"

　　约瑟夫正领导南卡罗来纳州的一个大型团队，试图创建更安全、更加以人为本的手术室。这个为期4年的项目开始于2015年[43]，有来自克莱姆森大学和南卡罗来纳医科大学（MUSC）的十几名研究人员和临床医生参与。激励这个包括戴维·阿利森在内的跨学科团队开展这项研究的一部分原因是他们难得有机会将其想法付诸实践。该项目启动后，MUSC正准备在查尔斯顿（Charleston）开设两个新的门诊手术中心，而研究人员的发现将为其设计提供参考。

　　2018年1月，该团队组织召开了一场为期一天的研讨会，向一群医疗保健设计专家介绍了他们所做的工作。我乘飞机去查尔斯顿进行实地观察。那是一个异常寒冷的早晨。太阳才刚刚升起的时候，我就抵达了克莱姆森设计中心，它隐藏在一栋砖砌建筑里，这里曾是一家雪茄工厂。我当时很累，也没有喝咖啡，而身着亮紫色衬衫和黑色外套的约瑟夫已经面带她那超级迷人的笑容，语速飞快地讲着话。她站在大约一百名参会者面前，开始分享她和同事所做的工作。

　　尽管团队里的每个人都很了解医院的情况，但他们还是决定用全新的眼光审视手术室，从而启动这个项目。为此，他们记录了在MUSC现有的三个手术室中进行的数十例手术，追踪每位医生和护士的行动轨迹和活动[44]。他们仔细观察手术室是否有小问题和意外事故发生，临床医生是否有分神、掉落仪器或是发现所需药物缺失的时候。这些"突发状况"可能会像滚雪球般演变成重大问题，造成延误、危及人员安全，并增加出现医疗差错的风险[45]。

　　研究人员发现[46]，突发状况很普遍，在28例手术中就多达2 500

多次。大多数都是轻微状况（比如护士低头看了一下呼叫器），但其他的状况则需要手术团队停下手头的工作或是重复某一项任务。这些突发状况中一半以上都是由于手术室的布局问题造成的，因为护士需要绕开摆放不当的仪器台或者外科医生的视线被某个设备挡住了。在塞满了大量仪器的麻醉师工作区域，以及人多手杂的手术台附近，这种突发状况尤为常见。

这些研究发现指出了一些相当直接的改进手术室设计的方法，比如，确保在手术台周围有大量开放空间、手术室里只存放最重要的设备和用品。他们还建议医院设计师们认真考虑巡回护士的需求，他们与大量突发状况有关。巡回护士是手术团队中流动性最大的成员，他们在手术室来回走动、监看患者情况、为同事收集用品、设备和仪器。把用品柜放在他们的工作台旁边可以减少人员脚步移动，将突发状况降到最低。（这听起来像是一个常识，但却没有明文规定。在研究人员观察的三个手术室里，用品都存放在与巡回护士工作区域相对的另一侧。）⊖

在设计研讨会上，阿利森解释了他和他的学生是如何将这些发现转化为实际手术室雏形的，他们用彩色胶带在设计中心的灰色地毯上绘制出了平面图[47]。他们考虑了好几种手术室尺寸，利用计算机模型来检验他们的设想[48]。克莱姆森大学的工业工程师凯文·塔弗（Kevin Taaffe）上传了他们记录的每一台手术中各成员的活动数据以及相应的手术室地图。有了这个只是再现了他们已经观察到的过程的基本模型，研究人员就可以调整模型，将其向左移动 0.9 米

⊖　另外，限制移动可以降低临床医生污染手术台周围无菌区域的风险[50]。当克莱姆森大学团队把培养皿放在四个手术室时，他们证实人员密集的区域聚集的微生物比人员较少区域更多。

或是把手术台移到手术室的另一边，进而观察这些调整能够如何改变工作人员的移动路径。然后，他们追踪了手术团队的每个成员与同事密切接触的频率。

该模型清楚地测算了手术室的最佳尺寸并帮助设计师选定了一间矩形手术室，比之前的宽度大，面积约为 53 平方米。如果他们调整手术室尺寸使其远远小于上述尺寸，各工作人员之间的接触频率就会飙升。相反，如果使其大于上述尺寸，不但没有进一步减少接触，还增加了人员移动距离。"出现了收益递减。"塔弗对我说道。

研究人员还利用该模型测试了一个关于手术台位置和朝向的非常规想法。起初，他们把手术台不偏不倚地放在手术室中央，桌头正对远处的墙壁[49]。这非常符合传统的手术室设计。阿利森说道："手术台处于手术室正中央，坦白地说，此前从未有人对此有过质疑，而且这基本上是行业标准。"

在咨询了 MUSC 的临床医生之后，阿利森和他的学生提出了一个不同的想法。如果他们把手术台从手术室中央移到更靠近左上角的位置，使其处于手术室的对角线上，桌头正对角落，会怎么样呢？这样放置就会使手术台和患者远离设置于手术室右侧的门。这将为入口处和手术台底部开辟出空间，而这些区域曾经非常拥挤。而且还可以让通常坐在手术台桌头边的麻醉师在一个受保护的角落里安心工作，在这里他被推搡、分神或被打扰的可能性较小。

他们把巡回护士的工作区设置在手术室的右下角，使其方便进出门口及接触旁边的用品柜，还把他的工作台安上了轮子，这样他就可以把工作台移到最方便的地方[51]。他们呼吁使用嵌壁式柜子，以减少细菌可以藏身的角落和缝隙，并增加一些特殊设置，如大落地窗，这样可以让手术室的工作人员至少偶尔可以看到太阳。阿利森说："在美国，很多临床医生在冬季工作的时候都见不到白天的阳光，晚上才下班，我们认为那并不是健康的环境，而是产生压力的环境。"

为了方便手术团队的每个成员密切关注手术过程和患者情况，设计师们在墙上安装了大型数字显示器。屏幕实时播报患者的医疗信息和生命体征以及手术过程的实时视频。阿利森告诉我："无论你在哪里，在手术室里做什么，你都可以通过数字化方式获得你所需要的信息。"

该团队利用虚拟现实（virtual reality）技术模拟手术室，邀请临床医生提出反馈意见，然后在克莱姆森设计中心（Clemson Design Center）建造一个与实际大小相同的高保真原型，里面配备了真正的医疗设备。研讨会结束几个小时后，约瑟夫、阿利森和他们的同事主持召开了正式的揭幕仪式。

宾客们在下午 6 点开始准时到达，他们身着深色西装、蕾丝裙和豹纹夹克。他们手里拿着饮品和小吃（填满戈尔根朱勒干酪的肉丸、涂着山羊乳酪和胡椒果冻的小甜椒奶酪饼干），漫步到设计中心后部去看未来的手术室。

"弗雷德？弗雷德？"一位身着卡其色衣服的客人冲到手术台前开玩笑地说道。手术台上放着一个与真人大小相同的假人，上面用白布蒙着。

"那家伙看起来不太好。"另一位男士一边喝着时代啤酒（Stella Artois），一边喃喃自语道。

安装在天花板吊杆上的可调节的、明亮的白色手术灯照在"弗雷德"身上。手术台周围有大量开放空间，沿着侧墙边甚至还摆放了一张空的轮床。蓝色瓷砖地板干净整洁，连最细小的弯弯曲曲的电线都没有。三面墙的整块墙板被移除，腾出空间安装窗户，移动护士站隐藏在手术室的右下角。手术室原型干净、简约又现代，剩下的就是看看它的运行效果如何了。

三个半月后，当我回到查尔斯顿时，各色小吃已经被一个深不见底的咖啡壶取代，设计团队也都在忙碌着。早上 8 点之前，一队护士穿着深蓝色手术服、拿着一盘盘医疗设备走进停车场。他们是来测试手术室原型性能的。

没过多久，他们就发现了问题。当两名护士并肩站在手术室左下角并打开手术器械包时，他们四处张望寻找垃圾桶，最终在房间的另一侧发现了一个。"那是我们唯一的垃圾桶吗？"一位年轻的巡回护士问道。她那深棕色的头发在脖颈处挽成了一个低低的发髻。

"您认为还需要更多垃圾桶吗？"萨拉·贝拉姆扎德（Sara Bayramzadeh）问道。她是克莱姆森大学的一名研究助理教授，此时正在手术室外仔细观察。

护士回答道："我需要在这里放一个，麻醉师也需要一个。"

贝拉姆扎德将其记录了下来。

巡回护士兼手术助理护士（一位头戴浅蓝色手术帽的年轻男士）完成了仪器和用品的摆放并进行了清点，在一块大白板上记录了刀片、缝合包和海绵的确切数量。然后，巡回护士走到自己的工作站，登录电脑，输入了相关信息：手术室已准备就绪。

巡回护士匆匆走出手术室去接患者。回来的时候，她推着一张病床，上面放着一个儿童大小的金发假人。她把假人挪到手术台上，然后，外科医生，或者确切地说，就是扮演这个角色的儿科护士走了进来，向她的同事们打招呼。巡回护士把她的工作台推到手术台桌角边并向团队详细介绍了即将进行的手术。她说："今天的患者是约翰·史密斯，出生日期是 2014 年 2 月 1 日。"她指出，他们要做的是修补疝气，这是一个不到 30 分钟就能完成的简单手术，失血的风险也很小。

当讨论这些细节的时候，他们甚至都懒得抬头看一眼墙上的显示屏，上面已经列出了他们正努力要完成的术前准备任务。贝拉姆扎德插话道："各位觉得看看显示屏会不会有帮助呢？"

于是，医生抬头朝墙上瞥了一眼。"哎呀，就在那里！是不是？"护士们之前竟然都没有注意到。显示屏挂在高过头顶的位置，实在是太高了。护士们说如果想要显示屏发挥作用，确实需要与视线齐平。

然后，手术时间到。护士们把器械架移到手术台上方，收拾好毛巾和手术被单，重新调整了挂在头顶吊杆上的手术灯。医生想要播放点音乐，于是她问道："我们今天有曲子吗？"她为病人做了准备，假装抓起一把手术刀，在约翰的腹部划了两个看不见的口子，说道："看看，在这里！疝气！"

她假装修补疝气，然后宣布手术成功。手术助理护士再次清点了仪器和用品，以确保手术团队没有误将任何东西留在患者体内。"清点无误。"巡回护士宣布道。

外科医生缝合了虚拟的伤口，说道："好了，我们完成了，下一台手术再见。"巡回护士把约翰推出手术室，推进了康复室。我希望他能迅速康复，因为不出几分钟，他又要回到手术室，切除他那肿大但其实不存在的扁桃体。

小约翰的疝气修补手术只是克莱姆森团队为评估外科护士在手术室原型的工作情况所安排的一整天模拟手术中的第一台。在这 8 个小时的过程中，两组护士体验了各种各样的场景，从约翰的疝气修补和扁桃体切除手术到给一个成人大小的假人史密斯先生做左肩关节镜检查。

并非一切都按计划进行。在一台儿童扁桃体切除手术中，一名护士掉落了器械。在肩部手术进行到一半时，外科医生的工作台从墙上掉了下来。而且这位外科医生很喜欢制造紧急状况。在手术中她一边惊叫道："噢，不！有情况！"一边从病人处跳回来，双手甩向空中。或是喊道："噢，不！我掉了一根试管！""噢，不！我们的氧气不够了！气罐刚刚用完了。"（"那里好像手术室常备剧剧场。"一位研究人员高兴地小声说道。）护士们泰然自若地处理了这一切，拆下掉落的工作台，更换掉落的用品，取回新的气罐。

每次演练结束后，研究人员都会下楼请护士们离场进行一对一汇报。护士们对设计的很多方面都赞不绝口。手术助理护士汇报说："我们以往通常是在壁橱里操作，这样的设计真是超级宽敞。"护士们一致认为用品摆放位置很方便，而且很喜欢移动工作台，不用离开手术室就能更新患者病历。

但也有明显需要改善的地方。尽管护士们很喜欢整洁的房间，但他们认为设计团队可能把极简主义发挥得过了头。除了需要更多垃圾桶，手术室还需要几台打印机用来打印图片、注意事项和样本标签，外科医生还需要一个可以放个人物品的地方。

要找到这些问题的解决方案需要进行艰难的权衡。当然，设计团队可以安装一些打印机，但是那样会增加杂乱程度。而且，阿利森告诉我，他们是故意把显示屏放在高处的，因为放得越低显示屏就越有可能被手术室里的其他东西挡住。阿利森说："手术环境本身就是复杂的，因此医护人员在设计上有很多要求是相互矛盾的。"

在接下来的几个月，克莱姆森 –MUSC 团队组织完整的外科手术团队并肩工作，进行了另外一系列模拟手术[52]。当第一座新的MUSC 建筑在 2019 年春季开放的时候，手术室里融入了研究人员的很多设计理念[53]。约瑟夫的团队在监测新手术室的运行效果，并开发了一个"安全手术室设计工具"（Safe OR Design Tool），其他医院建筑师可以在自己的项目中用作参考[54]。阿利森说："我们希望改善外科手术环境设计的现状。"

他们在考虑把同样的系统化过程（紧密的观察、设计、模拟和重新设计）应用到从检查室到急诊室等医院的其他区域[55]。如果他们要这样做，会有人和他们一起。很多其他研究团队正在对一些独特空间的内部运转进行精密的分析，以求进一步明确界定医院的空间布局。例如，在费城（Philadelphia），来自托马斯·杰斐逊大学（Thomas Jefferson University）的急诊医学博士邦·库（Bon Ku）开发了一款数据记录应用程序，使配备了平板电脑的研究人员可以了解急诊室开展的复杂活动的情况，追踪急诊室工作人员的行动轨迹和活动[56]。库博士的目标之一是要确定急诊室设计的某些方面是否能够鼓励临床医生花更多的时间与患者及其他医生交流。在一项初步研究中，库博士注意到，在一次当班过程中，一名护士的活动中只有4% 涉及与医生的互动。"我认为这真的太疯狂了。"他说道。

库博士希望他的数字制图工具能够帮助医疗保健设计师对自

已做出的承诺负责，并为室内空间评估增添更多严谨的分析。传统上，当建筑师或研究人员想要确定一栋建筑的运行情况时，他们会通过调查或采访使用者来开展"使用后评估"。这些主观的定性结果是很珍贵的，但是库博士认为推动循证设计领域向前发展还需要更多的定量评估工具和技术。他告诉我说："建筑环境科学应该同我们用于开发新药的科学一样严谨。"

尽管在医院中设计决策的风险可能会特别高，但是乌尔里克和他的同僚们的研究结果却广泛适用，无论我们在哪里，充足的阳光和自然景观都是有助于康复的。而且，随着该领域的成熟，为健康而设计的理念已经得到扩展。帮助患者康复是好事，但是如果我们能创造出从一开始就让人们远离医院的空间不是更好吗？

第 3 章

楼梯大师

在 19 世纪中期，纽约市是一个名副其实的死亡陷阱。黄热病在港口肆虐，霍乱弥漫着街道，肺结核摧毁了出租屋[1]。到 1863 年，纽约的死亡率攀升到每 35 个居民中就有 1 个死亡，比美国其他任何大城市都要高[2]。有些年份，死亡数几乎是出生人口的 2 倍[3]。

当地的民间组织对不断增加的死亡人数感到震惊，并且相信这与城市的肮脏环境有关[4]。当时，很多建筑缺少污水管，因此，居民们都将垃圾直接丢到街道上。屋外厕所有脏水溢出，溢出的污水都排放到狭窄的小巷和即使存在也经常堵塞的下水道中。马厩和屠宰场都位于人口密集的街区，家畜经常在居民区的街道上游走，把粪便也排放到了污物当中。

出租屋内部的情况也不好，黑暗、肮脏、潮湿，而且非常非常拥挤，平均每个居民的占地面积只有 0.93 平方米。一层层的污垢粘在墙上，几乎没有通风，很多房间连窗户都没有，而且出租屋通常都挤在一小块土地上，挡住了新鲜空气和自然光的流通。厕所通常位于室外的小庭院中，其中的污物有时会渗入相邻的公寓墙壁。

难怪纽约人会生病。穿过城市的污水携带了能够引发霍乱和伤寒的细菌，死水坑是传播黄热病的蚊子的完美繁殖地，狭窄又不通风的公寓助推了空气携带的病原体四处传播。

尽管卫生改革家们尚未了解所有这些疾病的生物学基础，但他们发现城市的污秽与其糟糕的健康状况之间存在明显的联系。1865年，据一个叫作纽约市民协会（Citizens' Association of New York）的当地民间组织估计，如果这座城市能够整顿自身，那么每年可以挽救多达 1 万人的生命[5]。这座城市陆陆续续地做到了。1866 年，创办了大都会卫生委员会（Metropolitan Board of Health），要求清理庭院、外屋和空地，派出卫生检查员到霍乱病人的住所进行消毒，并且宣布猪和羊不可以在街道上自由漫步 [6]。15 年后，成立了街道清洁部（Department of Street Cleaning），工人们身穿全白制服，开始清扫街道并收集垃圾 [7]。（这些工人非常能干，城市因此为他们举行了游行。）

立法者通过了一系列住房改革，要求每间公寓都要配置室内厕所和自来水，每间房都要有通向室外的窗户 [8]。（弗洛伦斯·南丁格尔一定会为此感到骄傲的。）他们取缔了一些类型的地下室公寓，设定了庭院的最小尺寸，并限制建造廉租房，那些廉租房通常挤在同一片狭窄地块上其他出租房的后面。市里投资了基础设施，修建了更多下水道，并最终修建了一条地铁线，新的地铁线使纽约人扩散到新的街区，从而帮助缓解人满为患的情况。

纽约市的死亡率下降，传染病导致的死亡所占的比例也下降了。尽管诸如疫苗和抗生素的医学进步最终帮助战胜了很多疾病，但是在这些创新产品广泛传播之前，死亡率已经下降了。正如最近担任纽约市设计与建设局（Department of Design and Construction）局长的建筑师戴维·伯尼（David Burney）告诉我的那样："在 19 世纪和 20 世纪初，这些传染病问题的许多解决方案都不是从医学角度出发的，而是从建筑环境变化角度出发的。例如，肺结核与光线、空气、城市的规划规程和密度有很大关系。所有这一切都是由城市建设方式驱动的。" [⊖]

[⊖] 住房质量和城市规划仍然是世界上许多特大城市中传染病流行的主要因素。贫民窟和棚户区往往人满为患，房屋密密麻麻、通风不良，许多居民不得不住在没有基本的卫生基础设施的地方，例如住在运送废物的下水道和输送清洁水的管道中。尽管改善住房和基础设施既困难又昂贵，但它们可以产生巨大的健康益处。巴西萨尔瓦多市扩建下水道系统后，儿童腹泻的发病率的下降幅度超过 20%。[9]

作为一名纽约市民，我是这些改革的直接受益者。在布鲁克林生活近 15 年的时间里，我从未担心过家里没有足够的新鲜空气或是要行走在污水满地的街道上。（尽管我确实得承认，我时常抱怨那些没收拾起来的垃圾。）我担心的众多疾病当中，肺结核和霍乱根本排不上名次。在我的一生中，患糖尿病或心脏病的概率呈指数级上升。在美国以及世界上其他高收入发达国家，慢性病已经取代传染病，成为最大的公共卫生威胁。建筑能再次成为解决方案的一部分吗？

当迈克尔·布隆伯格（Michael Bloomberg）市长于 2002 年接管纽约市时，他下定决心要帮助纽约人养成更健康的习惯。从尝试戒烟开始，他的政府实施了一系列举措，导致该市吸烟率大幅下降[10]。随后，官员们将注意力转向他们视为紧迫的另一系列潜在的健康风险：缺乏运动、饮食不良和肥胖[11]。

像很多美国人一样，纽约人大多久坐不动[12]，他们的饮食也不均衡，他们吃了太多糖、盐和反式脂肪，而没有吃足够的水果和蔬菜[13]。而且在纽约[14]，就像很多工业化国家一样，肥胖和糖尿病患病率也在上升。到 2004 年，该市近四分之一的成年人肥胖，而十分之一的人患有糖尿病[15]。

消除肥胖、缺乏运动和不良饮食习惯的影响可能很棘手，但是这三者会增加患病的风险。当然，超重的人也可能很健康，有证据表明，对健康来说，身体构成，或者说肌肉与脂肪的比例与分布，比体型大小更重要。但总的来说，在人口水平上，超重或肥胖会增加多种疾病的患病概率，包括糖尿病、高血压、心脏病和一些癌症。无论你的体型多大，提高运动水平和抛弃垃圾食品都可以为健康带来真正的益处。

为了帮助纽约人改善饮食，该市颁布了一系列新政策 [16]，包括禁用反式脂肪及要求连锁餐厅公示卡路里计量。⊖该市还特别关注肥胖、糖尿病和高血压非常普遍的低收入地区 [18]。尽管这些社区中很多都挤满了快餐店和街头小商店，但往往缺少优质的杂货店。因此，该市出台了奖励措施，吸引超市进驻这些服务水平低的地区，并制订了"绿色购物车"（Green Cart）计划，向数百名同意售卖新鲜农产品的街头商贩发放限时许可证 [19]。

然而，食物只占这个方程式的一半。官员们还想让纽约人采取更多的行动，因此，纽约市健康专员汤姆·弗里登（Tom Frieden）去见了戴维·伯尼，伯尼在 2004 年成为该市设计与建设局的专员。伯尼回忆说："他来找我说'你得帮我解决久坐不动的生活方式问题'，所以我当然会说'走开，别烦我，我很忙。这个问题和我没关系'。他就说'不，你是个建筑师。你也是这个问题的一分子'。诸如此类。"

肥胖率的上升有很多原因，弗里登让伯尼认识到建筑环境也起了一定作用。伯尼解释说："建筑师和规划师们确实由于设计规划了各种免下车（drive-in）模式、电梯和自动扶梯等，导致了很多这样的问题。我们已经几乎不需要移动了。"

像电梯这样的创新产品使纽约的城市现代化成为可能。城市

⊖ 这些举措中有些比其他的更有成效 [17]。例如，反式脂肪禁令似乎卓有成效；该禁令生效后，城市居民血液中反式脂肪的含量下降了近 60%。研究人员还发现，因心脏病和中风而住院治疗的人数下降也与反式脂肪禁令有关。研究表明，在菜单上标明卡路里计量效果不佳。

的密度取决于能否建造高楼以及是否拥有可靠的垂直交通形式。因此，在大多数高层建筑中，电梯占据重要位置就不足为奇了，它们被设置在明亮、闪闪发光的大厅里，几乎在等待人们乘坐。楼梯间则通常狭窄、昏暗又肮脏，更不用说还隐藏在厚重的消防门后面了。

我们还设计了能走出社区的移动工具。在 20 世纪的大部分时间里，建筑师和规划师都把汽车放在首位。随着大部分人能够负担得起的量产汽车开始从装配线驶出，中产阶级家庭也能拥有汽车，狭窄的城市街道被改造成了柏油公路，其设计旨在加快驾驶员到达目的地的速度。这些公路将社区拆分开，促进了郊区的发展。美国人从城市核心区搬离；城市开始延伸。

与紧凑的城区相比，这些延伸出来的社区人口密度相对较低，住宅与当地企业分隔开，没有紧凑、相互连通的街道网络，通常有很长的环路和死胡同，街区很长，十字路口很少。这些设计习惯往往会打消人们步行的念头，使人们更加依赖汽车（即使是去很近的杂货店、药店或是附近的咖啡店）。

这些不利于步行的设计特点会对健康产生实际后果。根据一项针对居住在美国 448 个县的 20 万成年人的研究，居住在延伸区域的成年人比居住在人口较为稠密地区的人步行更少、体重更重，而且患高血压的可能性更大 [20]。这种联系一次又一次显现。科学家发现 [21]，当人们居住在高密度、混合用途、街道连通性高的社区时，步行（和骑自行车）的可能性更大，而居住在"适于步行"的社区的人血压更低，糖尿病人也能够更好地控制自己的病情 [22]。

这种联系在城区仍然存在。即使研究人员控制了社会经济差异，纽约市最适合步行的社区居民的平均身体质量指数（BMI）也比住在纽约其他地方的居民要低[23]。而且低收入社区往往无法接触到公园、自行车道和娱乐设施，以及与较高水平体育活动相关的公共设施[24]。

然而，在过去的 20 年里，一些科学家、建筑师和规划师一直在考虑改写剧本—设计出有助于人们吃得更好、动得更多的空间。在我们的日常生活中加入哪怕一点点运动都能带来很大好处。例如，在大型的纵向研究中[25]，研究人员发现每天步行 10 个街区的女性患心血管疾病的风险降低了，而每周爬楼梯 20 次（或每天不到 3 次）的男性早逝的概率更低。

在纽约，官员们开始意识到，如果他们能够弄清楚如何设计一种鼓励人们多运动的环境，那么他们或许就可以在不必发放任何健身房会员资格的情况下提高公众健康水平。正如伯尼所说："我们无法让人们每天都去健身房，但是我们怎样才能让人们不假思索地在日常生活中减少久坐呢？"

2006 年，纽约市的健康与心理卫生局（Department of Health and Mental Hygiene）与美国建筑师协会当地分会联合举办了第一届健康城市（FitCity）会议，该会议已经成为一项年度活动，并任命了一名主动式设计总监（Director of Active Design），还花费数年时间开发了一套循证主动式设计指南[26]。

该指南于 2010 年发布[27]，建议拓宽人行道，增加带防护的自行车道；建造新公园、运动场及其他公共娱乐设施；确保所有社区都有优质超市；设计能够促进运动的建筑。其目的不是要告诉人们如何生活，而是要使一些健康的行为（骑自行车上班、午餐时间散散步、吃个苹果当下午点心）既容易又有吸引力。"设计可以用来吸引人。"乔安娜·弗兰克（Joanna Frank）说道。她于 2010 年加入布隆伯格政府，后来成为该市的主动式设计总监。风景如画的小路会吸引行人，就像风景秀丽的道路会吸引驾驶员一样。弗兰克解释说："你更有可能在有树、有一定规模、有很多视觉乐趣的街道上行走。"

该指南还敦促建筑师重视楼梯的力量[28]，并且强调有研究表明，如果楼梯很显眼、方便、宽敞、美观、建筑风格独特，我们更可能放弃乘坐电梯。在楼梯间设置一些鼓励人们使用楼梯的标志并摆放艺术品或播放音乐也能够增加楼梯的使用[29]。2007 年，瑞士日内瓦大学附属医院（Geneva University Hospitals）发起了为期 3个月的爬楼梯活动，在医院 12 层楼的每一层都悬挂了鼓励使用楼梯的海报和贴纸[30]。在活动开始之前，医院员工平均每天爬楼梯不到 5 层；在活动期间，该数据飙升至每天近 21 层。12 周后，员工的体重和脂肪减少了，腰围缩小了，血压和胆固醇水平下降了，心血管健康状况也得到了改善。弗兰克说："这不是什么复杂的科学，所以才令人兴奋，因为是可以实现的。"⊖

弗兰克和她的同事从过去的经验以及早在一个多世纪前帮助纽约人战胜传染病的卫生与住房改革中汲取了灵感。她告诉我："我坚信这是一种可行的方法，其中一个原因就是那次历史先例。"主

⊖ 建筑师需要兼顾这些主动式设计原则，确保残障人士仍可以无障碍出入建筑物。从无障碍的角度来看，有些策略，比如在墙上张贴楼梯提示和在楼梯间播放音乐，都比使乘坐电梯变得艰难或是将电梯移到离入口较远的地方要好得多。而且，如果设计师和城市规划师真的想要确保主动式设计能够惠及每个人，他们还必须要找到能够使公共交通和娱乐设施——包括公园、小路、运动场、体育馆和运动设施——适用于各类人群的方法。

动式设计之所以如此有前景，是因为它像那些早期的改革一样，是一个全面的方法，可以解决一些普遍的、结构性的病因。她说："这并不是关于某个人以及他们每天选择吃什么或者做多少运动的事情，而是要提供一个能够增进健康的环境。"

2013 年，布隆伯格发布了一项行政命令[31]，要求城市机构在建造新建筑或翻新旧建筑时要纳入主动式设计原则，并成立了非营利性的主动式设计中心（Center for Active Design）。该中心目前由弗兰克管理，主办了健康城市系列会议，组织了一次年度设计竞赛，发布了审核清单和工具包，并执行了针对居民健康的 Fitwel 建筑评测系统和认证项目。[⊖]

主动式设计中心经常与价格合理的住房开发商合作，真正推动了主动式设计进入低收入社区。我们在该组织位于喧闹的曼哈顿联合广场区的总部聊天时，弗兰克告诉我："我们认为这在很大程度上是一个有关公平公正的问题，我们相信每个人都有权利享有可以促进个人的健康的环境。"

一个可行的示范区坐落在向北 10 个地铁站的布鲁克斯区，那里近 40% 的居民处于联邦贫困线以下[32]。蓝海开发公司（Blue Sea Development Company）在那里建造了一栋名为乔木之家（Arbor House）的经济适用房，高 8 层、共 124 套房。该建筑于 2013 年开放，包括一个室内健身房（里面配有儿童攀岩墙）、一个草木葱茏的户外健身区、楼顶有一万平方英尺的农场。楼梯很醒目、宽敞、

⊖ 该系统由美国疾病控制和预防中心与美国总务署创建，在该系统下，融入主动式设计特色的建筑会获得积分，包括吸引人且方便的楼梯间、站立式或跑步机式办公桌、活动室、安全的自行车存放点、随时可以获得淡水、室外步道以及通向公共交通的人行道。那些积分足够高的建筑可以获得官方的 Fitwel 认证。

光线充足；楼梯间里播放着音乐，墙上挂着艺术品。激励性标志鼓励居民走楼梯而不是乘坐电梯，电梯已经被特意放慢了速度以减少人们使用。⊖

居民们注意到：在焦点小组里，居民们告诉西奈山伊坎医学院（Icahn School of Medicine）的研究人员说他们经常走楼梯[33]。一位女士说她的孩子们喜欢楼梯间播放的音乐，所以鼓励她多走楼梯。另外一位女士承认说她在原来居住的旧建筑里不使用楼梯的一个原因是他们觉得不安全——楼梯间光线昏暗，吸引了很多游手好闲的人。但是乔木之家的楼梯间既开放又明亮，配有玻璃门，可以清楚地看到走廊，使她感到足够安全，所以不必乘坐电梯。

西奈山伊坎医学院团队在他们入住的第一年期间追踪了 19 名乔木之家的居民[34]。当居民首次签署租约时，有 79% 的人报告称前一周从未走过楼梯。一年后，该数据下降到 26%，而且疾病防控中心（CDC）建议成年人每周至少进行 150 分钟的适量运动，达到此标准的女性人数也有所增加。主持这项研究的医生兼公共卫生研究员伊丽莎白·加兰（Elizabeth Garland）说："情况有很大的提升，人们开始走楼梯，因为他们意识到这座公寓楼正'设法使他们健康'。"⊖

主动式设计不再是专营市场。主动式设计中心已经培训了数千名设计师、开发人员和规划师。罗伯特·伍德·约翰逊基金会（Robert Wood Johnson Foundation）是一个重要的公共卫生

⊖ 放慢电梯速度可能会抑制使用，这种设计策略会使使用轮椅的人或其他行动不便的残障人士的生活变得更加艰辛。只在某些楼层停留的"跳站"电梯也是如此。

⊖ 这些设计策略中有些还有助于心理健康。步道、公园、运动设施以及宽敞、开放的中央楼梯都是人们可以进行互动、社交和建立社区归属感的空间。

慈善机构 [35]，也是该领域的早期领军者，该基金会已经向数十座美国城市发放"设计推动积极生活"（active living by design）拨款，这些城市包括纳什维尔（Nashville）、奥兰多（Orlando）、克利夫兰（Cleveland）、奥马哈（Omaha）、西雅图（Seattle）和檀香山（Honolulu）。在国际上，从波哥大（Bogotá）到布里斯托（Bristol）再到巴塞罗那（Barcelona）等大城市都已开始从汽车手中夺取街道的控制权，增加数百英里⊖自行车道以及新建公园、长廊和步行广场。私人部门也接受了这些想法，从谷歌（Google）到蓝十字蓝盾（Blue Cross Blue Shield）等公司都将主动式设计策略融入其企业园区当中 [36]。

　　然而，如果我们真的想要养成健康习惯，最好从儿童时期开始，而且一些最具创意的主动式设计项目都侧重于这些最年轻的公民。孩子们有一半醒着的时间都是在学校里度过的，而且其中大部分时间都是坐着的，一些微小的设计调整就可能一下子改善数百名儿童的健康 [37]。特里·黄（Terry Huang）从 2005 年开始就一直在思考这种可能性，当时他在美国国家儿童健康与人类发展研究所（National Institute of Child Health and Human Development）开始了一项为期 5 年的儿童肥胖研究。当他看到主动式设计领域开始蓬勃发展时，就开始思考如何将其设计原则应用到学校当中。他在 2007 年发表的一篇论文中阐述了自己的想法 [38]，设想学校里有迷人的楼梯和站立式书桌、菜园和果汁吧、教学厨房和食品展示区，还有可以让孩子们活动身体的丰富空间，从飞盘场到舞蹈室等。特里·黄现在是纽约市立大学（City University of New York）的教授，他说："在当时，这有些异想天开。"但是后来他听说在弗吉尼亚州

⊖　1 英里 ≈ 1.61 公里。

的乡下有两所学校正在规划中。

到 2009 年，位于弗吉尼亚州白金汉郡的迪尔文小学（Dillwyn Primary School）已是人满为患 39。在该校就读的 300 名学生当中，从学前班到 3 年级，只有一半学生可以进入有 50 多年历史的单层建筑。其余的学生只能在学校后面的破旧活动房里学习。当时的校长彭尼·艾伦（Pennie Allen）说："他们的窗户很小很小，地毯也发霉了，屋子渗漏，扶手也腐烂了。"

主楼外形稍微好一点，但是没有体育馆。下雨的时候，体育老师会占用食堂的一角临时打场保龄球。里面也没有空调，在温暖的日子里，艾伦会跑到各个教室用手持式温度计测量室温。如果温度太高，学校通常就会放学。她告诉我："当你走进一间屋子，里面有 25 个孩子，室温达到 92 华氏度$^{\ominus}$的时候，那就没法学什么东西了。"

迪尔文小学并不是急需新设备的唯一一所当地学校。白金汉郡的人口中大约三分之二是白人，大部分收入较低，而且人口一直在增长，但既小又老化的学校并没有跟上人口的增长速度。白金汉郡位于弗吉尼亚州的中心地带，横跨近 600 平方英里连绵起伏的绿色山丘。该郡遍布着松树和橡树林，坐落在丰富的矿产带上；在 19 世纪，这里遍布金矿。矿业现在仍然是当地重要的工业，而白金汉郡因其闪闪发光的蓝灰色石板而闻名。迪尔文小学坐落于一个板岩采石场和一个蓝晶石矿之间 40。

艾伦在白金汉郡长大，她了解当地孩子所面临的挑战。超过

$\ominus$　相当于 33℃。

20% 的白金汉郡儿童生活在贫困线以下 [41]，70% 的小学生有资格享受免费或减价午餐 [42]。他们往往要在州级的标准化考试中苦苦挣扎 [43]。然而艾伦（一位有 6 个孙辈、操着一口阳光般的南方口音的天生育人者）热爱在白金汉郡的工作并总想要保护她的学生们。她说："我一直都有这种热情——我想让白金汉郡农村的孩子们拥有和其他地方的孩子一样的机会。"

她也为学生感到担忧。她在接受教师培训之前学过护理，她的父亲因心脏病英年早逝。尽管白金汉郡有着田园般的环境，但是孩子们却没有接受过多少体育训练 [44]。很多孩子住得离学校太远，无法步行或骑自行车到达，而且那里几乎没有公共娱乐设施。该郡确实有一个青年体育联盟，但是很多家庭缺少可靠的交通工具或汽油钱，无法送孩子们去训练或者比赛。

艾伦试图竭尽所能改变迪尔文小学的状况。她赢得了联邦拨款，使学校可以聘请尊巴舞教练，提供以体育为中心的课后活动，并购买新鲜水果和蔬菜供学生全天食用。然而，一个奋发图强、有奉献精神的校长能够做的也就这么多。

后来，艾伦得到消息称该郡已经决定为郡里最年幼的学生们创建两所新的学校：一所是从幼儿园到 2 年级的初等学校，另一所是从 3 年级到 5 年级的小学。郡里官员请艾伦担任两所学校的规划负责人，并聘请了位于弗吉尼亚州夏洛茨维尔市（Charlottesville）的 VMDO 建筑设计公司（VMDO Architects）进行设计建造。

VMDO 公司因创建尖端、环保的学校而享有盛誉，而这正是该公司开始为白金汉郡草拟创意时的侧重点。后来，几名团队成员去当地的设计中心参加了午餐演讲。主讲人是弗吉尼亚大学

（University of Virginia）的儿科医生和公共卫生研究员马修·特罗
布里奇（Matthew Trowbridge）。特罗布里奇最近开始与特里·黄合
作，在当天的演讲中，他概述了建筑和城市设计可以用于提升公共
健康的方式。VMDO 的建筑师们对此印象深刻，于是，他们联系
了特罗布里奇。VMDO 的合伙人、白金汉郡项目的主要设计师之
一迪娜·索伦森（Dina Sorensen）说："我们真的渴望了解他和他
的作品并期待能与他成为合作伙伴。"特罗布里奇建议她读一下黄
教授的论文。

对索伦森来说，这篇论文是一个启示。她告诉我说："这就好
像有人递给我一罐金子。因为那篇论文，我今天变得和以往不同
了。"长期以来，她一直被这样一种理念所鼓舞，即一般来讲，建
筑，尤其是学校建筑，能够释放人类的潜力，促进学习，激发好奇
心和创造力。当索伦森阅读有关主动式设计的文章时，她看到一系
列崭新的可能性在她面前展开，一个可以创建有利于孩子身心的学
校的机会。"我完全被迷住了。"她说道。

特罗布里奇把索伦森和她的同事介绍给黄教授，他们一起开始
就白金汉项目展开头脑风暴，希望打造两所能够培育和滋养孩子们
的充满活力和动力的学校。这个跨学科设计团队想要重新构想每个
角落和日常生活的每个方面，培养可以指引终身健康的习惯。当艾
伦听到这个提议时，她感到非常激动。她告诉我说："这不仅仅是
（考试）成绩的问题，这关乎健康和幸福以及整个人。"

郡政府热切地同意了这一设想，规划团队开始工作。他们决
定，与其从零开始重新建造，不如彻底翻新现有的学校建筑，它
们坐落在 40 英亩的场地上，彼此相邻 45。他们的想法是把这两
栋建筑（其中一栋已经彻底废弃）改造成相邻的初等学校和小学，

中间用一座玻璃桥连接。这两所学校将被分别命名为白金汉初等学校（Buckingham Primary School）和白金汉小学（Buckingham Elementary School），它们有各自的校长，但共用食堂、图书馆和其他公共空间。这些公共空间将共同为全郡 1 000 名从幼儿园到 5 年级的学生提供服务。

确定了这些细节后，该团队开始将科学论证转化为实际设计特色。他们设计了大量所谓的"运动诱惑"（movement tempetation），以迎合孩子们对奔跑、跳跃、攀爬和探索的自然欲望。在小学大厅里，他们建了巨大的楼梯，周围大窗环绕，可以沐浴自然光。他们给这座楼梯以及楼里的其他所有楼梯都安装了霓虹灯栏杆，还在每组台阶旁边张贴了有趣的标语。（一个鲜红色字体的标语写着："跳上来！""离开你的椅子！跳上来！跳下去！跳到楼梯上来！"）

设计团队将毫无特色的长走廊改造成了"学习街"，街上布满了阅读角和小组工作区，里面配备了柔软、鲜艳、可移动的家具。为了使步行体验更加生动，他们将动物脚印的轮廓隐藏在楼里的水磨石地板上。索伦森说："这就好像当你正在徒步旅行、四处张望的时候，突然看到了一个脚印，这使你对步行的乐趣充满期待，使人们对融入了步行有益、运动有益理念的地方产生了长期的依附感。"

在初等学校，设计团队创建了一个大的开放式门厅，叫作"林地中心"（Woodland Hub），这里曾是两条昏暗走廊的交汇处。在中心处的一个略高的木制平台上，他们搭建了一个抽象的运动场，称为"树冠"（Tree Canopy），布置了一排高大的木板，大略像一片树林似的。每块木板上都刻着洞，孩子们可以在模拟森林里爬进爬出。

为了强化"运动是有趣的"这一理念，他们把玻璃板镶嵌在校园里的两座体育馆（初等学校和小学各有一座）的墙上，这样一来，从大厅经过的学生就可以看到正在里面运动的同学。因为知道并不是所有学生都是篮球运动员的苗子，所以他们将小学体育馆腾出来用于进行有组织的体育运动，将初等学校的体育馆改造成了有柔软地面的多功能活动室，供学生自由玩耍。

这是一次体贴的尝试，如果是在我小时候，我一定会对此非常感激。（小时候，我是一个公然反对团队运动、资质平庸的体操运动员，我真希望有个地方可以让我练习侧手翻或者玩四方游戏。）多功能活动室的设计是对以下事实的认可：要保持健康有很多种不同的途径，因人而异很重要。这也是设计团队煞费苦心在其他方面所践行的理念。例如，他们把小学里一条走廊上的一套旧金属储物柜拆下来，换上了由天然木材制成的宽的，呈波浪形的长凳，成为与走廊等长的板凳。索伦森在一次关于白金汉项目的演讲中解释道："当我们想到运动时，我们也预料到需求的多样性，而吸引孩子和成年人选择步行的原因在于他们知道有一个有魅力的地方可以休息或停留[46]。"

然而，在教室里，设计师希望孩子们坐着的时间少一点。当我们坐着时，我们的身体会经历一系列生理变化：肌肉松弛、脂肪燃烧下降、循环减慢、血糖升高、胰岛素分泌激增。从长远来看[47]，长时间不动会增加患心血管疾病、Ⅱ型糖尿病和癌症的概率。

在 1953 年发表的一项经典研究中[48]，英国流行病学家杰里·莫里斯（Jerry Morris）调查了数万名伦敦的有轨电车、无轨电车和双层汽车男司机或男售票员的健康记录。司机们上班时都坐着，而售票员通常站着或者在过道和楼梯上来回走动，为乘客检票。莫里斯发现,与较为活跃的售票员相比,冠心病在久坐的司机群体中更为常见、更加严重,发病也更早。此后的研究表明,不间断的久坐似乎特别危险;久坐不起的成年人比那些每天累计静坐时间长但经常起身短暂休息的人早逝的风险更高[49]。

对成年人久坐的担忧激发了旨在让我们重新站起来而设计的家具的诞生,比如越来越普遍的站立式桌子。这些桌子的好处仍存在争议。一些研究表明,站立式桌子能够减少办公室职员坐着的时间[50],还有助于学生燃烧更多卡路里,但是是否真的能够改善健康,尤其是从长期来看,目前还不太清楚。尽管如此,它们已经变得非常受欢迎,白金汉项目团队希望使课堂上运动的机会最大化,为学生提供更多伸展空间。因此,它们购买了可调节高度的桌子和"动态家具",包括带圆形底座的凳子,这种凳子可以随着孩子们在座位上的移动而在三个维度中摇晃和旋转。黄教授说:"孩子们天生就爱坐立不定,但是在传统的教室环境中,他们受到了限制。"

或许设计团队面临的最大挑战是食堂,这是个在学校设计中往往被忽略的空间。索伦森在 2015 年纽约健康城市会议上介绍白金汉项目时说:"我们的一个比较激进的想法是要将食堂彻底改造成学校里最重要的教室[51]。"他们想把餐饮服务人员变成真正的教育工作者,希望餐厅能做的不仅仅是让孩子们能够毫无负担地大口吃土豆泥。因此,他们决定在校园的中心位置设置一个开放、通风的用餐区,并去掉了厨房和用餐区之间的墙壁,使食物准备过程清晰可见。食堂员工已经从头开始进行所有的烘焙工作,这对公立学校来讲是比较少见的做法,为此,建筑师设计了窗户,使进入用餐区的学生可以看到烘焙室的情况。

　　学校无法在商业厨房里开展食品制作实践教学，因此，设计师增设了一间适合孩子的小型教学厨房和一个食品实验室。他们设想这些空间可以用来教学生如何清洗、准备和烹饪新鲜农产品或是接待来访的当地农民。他们甚至在实验室里设立了书架，希望里面摆满关于食品、农业和营养学的书籍。索伦森告诉我："所以，假设你是一个正坐着吃午餐的孩子，你突然想'嘿，我对胡萝卜有这样一个想法'，你就可以跑到小图书馆去，拿起一本书看，那就是我们的愿景。"他们在食堂外面留出了一块地做厨房菜园，既可以用作教室，也可以为学校餐食提供新鲜农产品。"这就让人们知道，食物是有来源的。"特罗布里奇说道。（烹饪课和学校菜园能够提升孩子们对食物的了解程度，增加尝试的意愿、对蔬菜的偏好和食用等。[52]）

　　索伦森和她的同事知道，有些孩子可能需要额外的推力才会尝试绿叶蔬菜，因此，他们借用了行为经济学家的一些想法。行为经济学家已经表明，我们可以稍微改变选项的呈现方式进而引导人们做出特定的选择。就像曾把糖果放在桌子上的人所发现的那样，当食物触手可及的时候，我们有可能去吃。让健康食品更显眼、更容易拿到、更方便，或者反过来，让垃圾食品更难获得，可以推动我们的饮食朝着更健康的方向发展。⊖

　　以 2013 年的一项研究为例 [53]，科学家只是改变了加利福尼亚州一所小学牛奶的摆放位置。通常，纯牛奶和巧克力牛奶都便于拿到，就堆放在午餐柜台前面两个相邻的板条箱里。但是有一周，研

　　⊖ 一项关于自动售货机的巧妙研究恰恰揭示了我们对即时满足的重视程度 [54]。芝加哥拉什大学医学中心（RushUniversity Medical Center）的健康心理学家布拉德利·阿佩尔汉斯（Bradley Appelhans）设计了一个系统，迫使自动售货机的顾客要等 25 秒钟才能拿到垃圾食品，而健康零食则会立即送出。2015 年和 2016 年，当他在校园内使用该系统时，健康零食购买比例略有上升。

究人员把巧克力牛奶藏在了柜台后面，并贴出告示告诉学生，如果他们想要喝巧克力牛奶，只要问一下就可以。结果，选择纯牛奶的学生比例从 30% 上升到 48%。其他研究已经表明[55]，当水果以一种有趣、吸引人的方式呈现的时候（比如叉在装饰性牙签上、别在一个西瓜上），孩子们会吃更多水果，而如果苹果和胡萝卜就放在桌子上而不是两米开外，大学生们就会吃得更多。环境也很重要。我们不喜欢在令人不快、充满压力的环境中花费时间。灯光耀眼或者噪声很大的餐厅会促使我们匆忙进餐，尽可能快速地把食物吞下，或者就是不折不扣的暴饮暴食[56]。

白金汉项目设计团队与管理人员分享了这些经验教训，建议学校通过在收银台旁边摆放一篮新鲜水果等方式使健康食品容易被看到和拿到。为了鼓励孩子们多喝水，少喝含糖的、高热量的饮料，他们在牛奶和果汁车旁边安装了淡水站。（走廊也安装了很多儿童饮水机，每间教室里都有饮水机。）他们还制作了五颜六色的标语挂在学校各处，宣传饮水的好处以及健康饮食的构成。

最后，由于孩子们在室外比在室内更活跃[57]，因此，索伦森和她的同事仔细考虑如何将包含一条小溪和一块自然湿地的延伸资产充分利用起来。他们打造了一个蜿蜒的行走路线网，将几个操场和运动场、一座野餐小丘、一片青蛙沼泽、新种植的果树和坚果树，以及一片"带走即食"的浆果园编织在一起。还有一间完善的室外教室，艺术和音乐工作室都有室外露台，每间幼儿教室都通向一个小型室外游乐区。设计团队希望这一雄心勃勃的景观规划可以把校园变成一个社区公园，吸引白金汉郡各地的儿童和成年人，而不仅仅是一个校园操场。索伦森告诉我："当你把学校景观看作社区资产时，那它就是我们拥有的最未得到充分利用的公共用地。"

这两所学校代表的是纳税人的大笔投资，因此，设计团队希望能够充分利用。于是，他们在小学的大厅里设计了一个配备了圆形剧场座位的大型社区公共区，为了确保郡里居民能够参与到设计过程当中，他们召开了小组讨论会，咨询了当地的全国有色人种协进会（NAACP）和四健会（4-H），还组织了社区花园研讨会。特罗布里奇告诉我说："因为这是一项巨大的投资，所以，我们确实得到了社区的关注，无论他们是否认同楼梯或其他东西的具体形状，但就因学校改建而提升孩子健康的问题进行了非常活跃的交谈。我认为这真的是一个很好的公共健康机遇。"

学校于 2012 年秋季开学，第一天，学生们就爱上了这里。新初等学校的校长彭尼·艾伦回忆道："我只记得他们当时眼睛睁得大大的，说'我们喜欢这个地方''我们能在这过夜吗'。"孩子们喜欢体育馆和阅读角，摇摇晃晃、大小刚好合适的家具，以及宽敞明亮的食堂[58]。

就艾伦而言，她完全做到了设计团队所希望的，将新建筑视为一个创造健康文化的机会。她召集了一个营养委员会，并邀请了一位营养学家到社区会议室演讲，取消了一些涉及售卖垃圾食品的学校筹款活动，取而代之的是 5 000 米长跑。她不再给光荣榜上的孩子们发纸杯蛋糕，还创办了一年一度的秋季运动节，学生们可以进行接力赛跑和制作稻草人。她还设置了大脑休息时间，学生们会暂停课业两分钟，快速做一轮开合跳，或者玩个简短而活跃的游戏。每天早上在全校发布通知期间，她会强调午餐菜单上哪些是最有营养的。她会说："我希望你们今天做出健康的选择。"学生们会给予回应。在大厅里，孩子们会跑到她面前自豪地宣布他们吃了什么，这种情况并不少见。索伦森对我说："她完全了解该怎么做，她知道如何在细微的方面打造一种文化，一种新文化。她还非常了解什么能够调动孩子们的积极性。"

学校开放一年后，黄教授领导的一个研究团队回到学校对工作人员进行了调查，以了解运行情况。他告诉我："我们找到了很多灵感和希望，教师和管理人员看到了新的可能性，由于这些新的可能性，他们自己引入了新的实践。"一些教师开始把菜园融入课堂，学生们用菜园里收获的蔬菜种植幼苗制作迷你比萨，课外活动则利用教学厨房来教授如何制作洋葱番茄辣酱和奶昔。

一些教师对此热情高涨，甚至还发起了促进员工健康的倡议，推选出"营养领导者"为会议带来有益健康的零食，并为教师和管理人员发起了一场减肥竞赛。这些努力都取得了成效。黄教授发现[59]，高脂肪饮食的员工比例从 74% 下降到了 57%。

赢得其他工作人员的支持则较难[60]。食品服务人员起初抱怨厨房太大，需要走太多路，还担心没有足够的冷冻空间。（艾伦不得不提醒他们，整个创意的目的就是减少冷冻及加工食品供应。）设计团队本想将厨房工作者变成教育工作者，但他们中很少有人接受过营养方面的培训。黄教授说："如果没有针对食品服务人员而设计的项目，他们就不会真正优化新厨房的使用。必须要有让新事物成为可能的空间，人们并不会自然而有序地利用新空间。"

一些教师也不太喜欢这些步行设施，抱怨从他们的教室到一些公共区域花费时间太长。"在学校环境中提倡步行似乎是一件很容易的事情，但是从教学的角度来看，很多人反对这种做法，因为他们会想'每次我们要去某个地方的时候都会损失教学时间'。"索伦森说道。而且，那些动态家具也让一些老师抓狂，艾伦总是能看到壁橱里塞满了摇椅。

设计师们从未认为他们的建筑能成为一副万灵药，而是将其视为硬件。学校的政策和计划（如禁止售卖烘烤食品和提供课后烹饪课）才是软件。在理想的情况下，软件和硬件会相互促进。"当这两者以复杂的方式真正合作时，行为改变的可能性就更高。"索伦森说道。但在白金汉郡的学校开放后，很明显，软件有一点问题。

所以，当索伦森和她的同事凯利·卡拉汉（Kelly Callahan）开车带我去白金汉郡时，他们有些担忧会看到什么。学校开放已有五年，自彭尼·艾伦上学年末退休后，他们就再也没回来过。他们很好奇，在他们最重要的拥护者不在的情况下，学校的情况会怎样。

我们在一个风景如画的春日到达那里。天空湛蓝明亮，树上开满了粉色和白色的花，一只黄色的蝴蝶在灌木丛中扑腾着。带着些许忐忑不安，我们走进了大厅。当我们走进用餐区时，篮球的砰砰声和运动鞋在体育馆地板上摩擦发出的吱吱声在大厅里回响。

这里看起来一点也不像我小学时的食堂——幽闭又没有窗户，狭窄的野餐式桌子从墙上折叠下来。这里都是小白桌子，每张桌子周围配有八把木制椅子，排列整齐。头顶上的灯发出柔和而温暖的光。阳光透过四面八方的窗户照射进来，从窗户可以看到广阔的操场，果树开满了花，一群小学生在远处的操场上蹦蹦跳跳。

索伦森很高兴看到一切依然如此美好，也很高兴看到烘焙室里堆放着大袋面粉，这表明学校仍然在自己做烘焙食品。但是后来她看到供餐台上放着一台 PET Dairy 品牌的冰柜，里面装满了新奇的冰激凌产品。她说："彭尼在的时候，那些冰激凌从不会出现在这里。"当她偷偷朝一台装满牛奶盒的冰箱里面看时，并没有为所看到的景象感到激动。因为纯牛奶都放在冰箱底层，而巧克力牛奶则放在顶层，很容易看到、拿到。"他们有点放弃了那些力所能及的事情。"她边说边把手伸进冰箱，重新摆放了牛奶。

走到取餐区时，我看到一个标识，画着一个装满蔬菜、全谷物、蛋白质和水果的彩色盘子，展现了一顿健康餐食的组成部分。但是我不知道学生们怎样才能真的组合出一盘那样的食物，即使他们想那样做。图片的正上方是当天的午餐菜谱：玉米热狗、炸薯条、烤豆、冰果汁和饼干。"玉米热狗，哎。"索伦森叹了口气说道。(尽管学区可以掌控自己的午餐菜谱，但是大多数公立学校要依靠联邦的补贴和商品供养学生，而且预算也极其有限。所以，虽然没有人让白金汉学校给学生吃玉米热狗，但是他们也不能去全食超市疯狂购物。)从食堂出来的路上，我们发现食品实验室里有一台爆米花机，而食品图书馆的书架上空空如也。

楼上还有其他令人失望的地方。在去白金汉的路上，索伦森曾告诉我在校园里她最喜欢的地方是小学二楼的一间在角落的悬臂式房间。尖锐的角度和玻璃墙使学生可以看到外面的地面，就好像他们正坐在船头一样。"这简直是建筑给你的拥抱。"索伦森说。但是当我们走进那个房间时，窗帘是拉上的。本该配有柔软的休息室座椅和坐垫的小组会议室现在已经变成了摆满一排排课桌的专职教室。显然，学生数量增加了，学校需要更多教室空间。

索伦森对眼前景象的反应很冷静。对于不断增长的学生人数，她无能为力。她知道，在提升读写能力和学业成果方面，员工们面临很大压力。她对我说："我要从长远看问题。他们的健康饮食运动或填充食品图书馆或其他任何事情可能只是在某一年里暂时搁置，因为他们都在忙着其他一些真正对很多孩子产生影响的事情。在我看来，这没什么。空间用途改变是没问题的，如果他们某一年成功了，并且证实完全可操作，那么第二年冠军就变了，这都没问题。"

对学校影响的研究好坏参半。黄教授和他的同事发现[61]，四年级入学的学生在这所学校学习一年后，营养知识方面表现出略微增长；一些学生报告说，他们从大楼周围张贴的教育标识中学到了这些新知识，但是五年级入学的孩子们在入学一年之后营养知识测试分数并没有提高。

当黄教授的研究团队使用感应器监测学生们的日常运动时[62]，他们发现新学校似乎让孩子们久坐不动的时间比原来少了。总的来说，他们得出的结论是：学校似乎使学生每天进行的轻体力活动时间增加了1个多小时。黄教授说："当你把白金汉的孩子们和其他没有进行任何硬件改造的学校的孩子们相比，我们的孩子比对照组的孩子久坐的时间要少得多，我认为这提供了很好的初步证据，证明学校设计在促进健康方面的潜在益处。"

这也并不完全是好消息。学校似乎将学生每天进行中度至剧烈体育活动的时间减少了约10分钟。黄教授猜想，特意为学校设计的较长步行距离，尤其是从许多教室到户外玩耍区之间相对较长的步行距离，可能占用了课间休息的时间，最终减少了孩子们剧烈运动的时间。轻度运动时间的增加足以弥补剧烈运动时间轻微的下降，但是这一发现凸显了一个事实，即建筑环境和人类行为是非常复杂的，即使是经过深思熟虑的设计决策也会产生无法预料的效果。

尽管很少有学校像白金汉这样雄心勃勃地进行重新设计，但是世界各地的学校都在寻找能够融入主动式设计元素的方法。他们正在重新安排他们的供餐台[63]，张贴楼梯提示语，造屋顶花园，为大厅添加有弹性的运动地板，将未充分利用的空间改造成对学生、教师和家长开放的健身中心。然而，在所有这些充满热情的活动之中，黄教授更希望看到对这些项目更加系统的跟踪和评估。他告诉我："那一直是我沮丧的根源，对主动式设计有很多讨论，感兴趣的人也很多，但是我们如何才能真正地扩大证据基础呢？"

越来越多的研究表明，主动式设计可以改变行为。例如，提高楼梯使用率或当地的自行车骑行率，但是要想证明这些改变能够带来真正的、长久的益处则要困难得多。设计一间能够促使学生吃更多水果的食堂是很棒的，但是每天多吃几片苹果真的能够让孩子们更健康吗？

设计可以成为公共卫生运动的一个强有力的组成部分，但是要想在慢性疾病方面取得实质性进展则需要一种多层面的方法，包括限制食品营销、改善学校午餐指南、改革医疗体系、改变使脂肪和糖类如此便宜却使水果和蔬菜如此昂贵的农业政策。

随着主动式设计变得越来越流行，我们应该好好吸取白金汉的教训，要记住，虽然建筑可以成为变革的催化剂，但是过程并不迅速，也不容易。在我们参观时索伦森告诉我："这需要付出很大的努力，所以我觉得白金汉取得的成就很了不起，尽管今天当我们走进去时它的样子和五年前不同。对于他们来讲，接受本身就是意义深远的。"

老师和管理人员告诉索伦森，一场文化变革正在进行，一种新的社区意识正在慢慢发展。[○]虽然白金汉项目遭遇过挫折，但是我也看到了一些让我满怀希望的真正原因。我看到幼儿园的小朋友们在他们的雨水花园里漫步，一位老师带领她的学生们像小鸭子一样在校园四处闲逛，在给他们上一节关于落叶乔木的课。我看到一个又一个班级的学生噔噔地跑上楼梯，看到贴在主平台上方的大幅超级英雄贴纸，蝙蝠侠、蜘蛛侠和美国队长在向爬楼梯的他们打招呼。而且我发现，有时候用来对运动障碍儿童进行专业治疗的"树冠"得到了很好的照料和爱护。

文化变革是一项长期的任务，白金汉项目的设计师相信，他们的工作不仅仅是要推动变革，还要预见变革。索伦森解释说："白金汉项目使他们成长，并坚信他们可以继续进步而不被设计或建筑环境所阻碍。"毕竟，无论软件出现什么故障，硬件依然在。如果某位有进取心的教师决定要带领学生们学习营养知识，那么食品图书馆就在那里，只是书架有待填充。

幸运的是，白金汉项目持续推进着，它不必在做对孩子身体有益的事情和对孩子心灵有益的事情之间进行选择：大量研究表明 [64]，有健康习惯的孩子，吃水果和蔬菜并且身体素质好，往往在学校表现更好。然而，这只是提高学生智力的一种潜在策略，世界各地实验室的科学家们正在研究其他方法来设计从学校到办公室等室内空间，使我们能够发挥最佳认知水平。

○ 2017 年秋天，她转到了一家新的设计公司，是位于华盛顿特区的 DLR 集团，但是她仍继续关注两所学校的进展，并就她在学校的工作开展了演讲。

第 4 章

普通隔间的解决方法

THE
GREAT
INDOORS
—

2016 年的春天，梅奥医学中心（Mayo Clinic）病历科的 8 名员工收拾好个人物品，关掉电脑，从他们位于明尼苏达州（Minnesota）罗切斯特市（Rochester）中心的常驻办公室搬出来，搬进一个距此只有几分钟路程的崭新工作空间。在那里，他们就像在自己家里一样，挂上迪士尼世界的挂历，摆上狗狗相框，重新回归办公室的日常生活节奏。

之后，科学家开始对他们进行干扰。他们把恒温器的温度调高再调低，变换窗户的色调和顶灯的颜色，通过嵌入天花板的音箱播放令人恼火的办公室录音：电话铃声、电脑按键的咔嗒声、一个男性的声音在说"病历"二字。

我在 6 月份的一个温暖早晨来到这间办公室，当时录音正在循环播放。搬到这里来的兰迪·穆齐卡（Randy Mouchka）说："我已经给它计时了，时长是 55 秒。"这里的空气闷热又不新鲜，但是太阳透过窗户闪烁着光。穆齐卡说这比上周有所改善，因为上周遮光帘每天都是拉下来的。

大厅的另一端，在一间摆满了电脑的玻璃幕墙控制中心里，科学家们正密切注视着穆齐卡和他的同事们。一台显示器上播放着实时视频，其他显示器则显示由分布在办公室周围的大约 100 个传感器测量出来的光线水平、空气温度、湿度和气压等实时数据。员工们也都处于监测之下：一个大型显示器显示了生物识别腕带的读数，测量的是他们的心率变化和皮肤的电导率，二者都是压力测量的粗略方法。研究人员正在监测这些员工在不同办公条件下的生理反应。

这 8 位病历科员工是健康生活实验室（Well Living Lab）的第

一批"小白鼠"，这是一个沉浸式研究设施，在这里，"老大哥"（Big Brother）遇见大数据[1]。该实验室由梅奥医学中心与纽约的德洛斯（Delos）房地产公司合作创建，是为针对室内环境如何影响人类健康和幸福感的多学科研究而量身定做的。自实验室开放以来，其研究人员已经花费大量时间试图了解现代办公室中生活的匮乏。

科学家已经花费数十年时间研究从工厂车间到行政套房等各种工作场所，而且很明显，物理工作环境会影响工作人员的舒适度、压力水平和工作表现。背景噪声会损害记忆力、削弱动力、导致疲劳[2]。光线不足会使人犯错误[3]。寒冷和灼热的空气不仅会引发不适[4]，还会让人感觉任务更难完成。当办公室的空气中充满污染物（包括很多常用的家具和用品释放的二氧化碳和挥发性有机化合物）时[5]，工作人员在认知功能测试中表现不佳。（研究表明，由于我们自身的呼吸运动，会议室、演讲厅和教室的二氧化碳水平通常会升高到足以让我们昏昏欲睡和思维混乱的程度。[6]）

健康生活实验室代表了一种不同的科学方法。该实验室为研究人员提供了对众多环境变量的精确、微调控制，其实验对象花费数月时间在一个与真正的开放式办公室功能相同的空间里完成他们的实际工作。这里是世界各地涌现的为数不多的生活实验室之一，也是办公室生活研究复兴运动的一部分。借助从生物识别传感器到移动应用程序等一系列技术，科学家们正在对办公室设计如何影响人类的认知、表现和行为，以及员工需要什么才能感到快乐、舒适和高效等问题进行更加细致、深入的了解。

德洛斯公司创办于 2009 年，当时，高盛（Goldman Sachs）的前合伙人保罗·夏拉（Paul Scialla）决定要创办一家致力于打造"健康房地产"的公司。该公司提供咨询服务并开发专注健康的建筑管理系统，它在2014年发布了WELL建筑标准[7]，首次引起了巨大轰动。WELL建筑标准是为设计健康建筑提供的一系列循证设计准则，从使用潜在有毒化合物释放量最低的涂料到组织餐厅突出展示水果和蔬菜。符合足够标准的建筑可以获得" WELL认证"，就像可持续环保建筑可以获得LEED认证一样。

在把这些标准整合到一起的时候，德洛斯注意到文献存在局限性[8]。例如，一项关于热舒适性的经典研究可能会要求志愿者花费3个小时在一间没有窗户的小"气候室"里做数学题[9]，同时科学家会调整里面的温度。研究人员可能会得出结论：当房间闷热时，志愿者犯错更多，因此，热会阻碍认知表现。

然而，自愿在气候控制箱里花费几个小时重修高中代数和在一间像烤箱一样的办公室里开展实际工作是不一样的。所以，德洛斯公司与梅奥医学中心合作创建一个具有科学优势的空间，比很多实验室更贴近实际，又比现场研究所使用的办公室更加可控。

他们设计了一个7 500平方英尺的梦想实验室。该设施耗资500多万美元，具有极强的可调节性。遮光帘可以设置成在一天中的特定时间升降。窗户的色调及灯光的颜色和强度可以远程调节。安装在天花板上的音箱可以播放各种声音，包括白噪声和低沉的对话，且可以调节音量。实验室的医务主任布伦特·鲍尔（Brent Bauer）告诉我："我们还可以移动墙壁、排水管道和通风管道。"他们可以把实验室从大型的开放式办公室改造成若干公寓房间或旅馆房间，志愿者可以在这里居住几周甚至几个月。

当我到达罗切斯特市时，研究人员刚刚启动他们的预备试验，旨在验证实验室的技术体系和方法。鲍尔告诫我说："说实话，这只是一个非常初步的实验。"在 18 周的实验过程中，鲍尔和他的同事创造了他们认为会对工作人员的舒适度和压力产生不同影响的环境，某一周安静、温度适中；另一周温暖而嘈杂或寒冷又黑暗[10]。他们通过调查、采访及利用生物识别腕带对工作人员的生理反应加以监测。当我们看到各种测量数据在控制室的显示器上闪过时，实验室的技术主管告诉我说，即使这是一个相对简单的实验，产生的数据量也是巨大的[11]。

几个月后研究结束时，健康生活实验室的研究人员开始从庞大的数据库中提取观察结果。在所有变量中，温度变化的影响是最明显的，当空间寒冷时，受试者感到不开心、不舒服。鲍尔说："他们会在楼梯上来回走动使身子暖起来，还会戴上手套、披上毛毯。"受试者报告称，在温控器温度调低且遮光帘关闭的那几个星期里，他们感到特别痛苦。黑暗又寒冷的办公室让人感觉像是在冬天。受试者说，这种不适感使工作更难完成，他们无力改变周围的环境，这使他们感到无助。

这一切并不太令人惊讶，谁会想每天在寒冷黑暗的办公室里度过 8 个小时呢？但是，这确实说明了协同评估多个变量的价值。另一项发现也是如此：对环境某一方面的不满会影响员工对环境其他方面的印象。例如，当办公室黑暗、嘈杂或是寒冷时，员工对空气质量的抱怨也更多，尽管研究人员在研究过程中根本没有调整空气流通。实验室的认知科学家安雅·亚姆罗齐克（Anja Jamrozik）说："人们对环境的感知并不是很细致，当他们不满意时，他们会凭直觉判断哪里不对劲，然后四处张望，寻找可能影响他们的因素。

而空气是肉眼看不到又无处不在的，所以人们可以把问题都归因于它。"

这只是根据一项小型研究得出的简单结论，但其含义可能是深远的。亚姆罗齐克告诉我，建筑管理员往往会收到很多关于空气质量的投诉，而要改善这一点是很难的。但是实验室的发现表明，在某些情况下，需要调整的可能是温度、音响或灯光。确实，其他团队已经发现证据表明环境变量可以通过复杂的方式相互作用。在一项研究中[12]，在内布拉斯加大学（University of Nebraska）的测试室中，研究人员把背景噪声调得越大，人们对空气温度的满意度越低。

亚姆罗齐克利用她学过的认知心理学知识，帮助健康生活实验室团队更加深入地研究办公室员工的思想。她与同事合作开发了"Think It Out"应用程序，该程序测量的是所谓的执行功能，这是一组高水平的认知技能，使我们能够制订计划、解决问题、做出决策以及调节自己的行动和行为[13]。该应用程序采用经科学验证的测试来评估执行功能的三个不同方面：工作记忆，在任务间快速切换的能力，抑制控制（克服自身习惯性思维、行为和冲动的能力）。

健康生活实验室团队在研究办公室照明时采用了这款应用程序，其结果揭示了环境对认知的影响的复杂程度。日光和窗户的视野增强了员工的工作记忆和抑制控制力，但是对其任务切换能力没有影响[14]。另外，为员工提供较冷、靠近光谱蓝色端的人造光（这类光通常告诉人们清晨已经到来）提高了他们在任务切换测试中的成绩，但对执行功能的其他方面没有影响。

这些细微差别意味着，适合一个企业或行业的工作空间可能完全不适合另一个企业或行业。当一项工作涉及频繁的干扰和多任务同时处理时，比如在急诊室，提供富含蓝色光的灯光可能是有益的。但在注重创造力的工作空间中，或许另一种照明方案才是最佳的。事实上，一个德国研究团队发现，在执行需要高度集中注意力的任务时，冷光是理想的，而暖光则更有助于增强创造力[15]。亚姆罗齐克告诉我："没有哪种环境是面面俱到的。"

也没有哪种环境是对每个人都有益的。尽管一些业界巨头相信存在这样的环境，但员工不是可以互换的齿轮——我们是有着不同欲望、敏感度和需求的个体。某位员工觉得办公室暖和，旁边隔间的同事可能会感觉很冷。一般来说，女性比男性对温度变化更敏感，更喜欢温暖的工作环境。以男性对温度的偏好为标准设置的办公室可能很难使女性员工发挥其最佳表现[16]。研究人员在 2019 年的一项研究中发现[17]，女性在温暖环境下的认知测试成绩最高，而男性则在较为凉爽的环境下表现更好。⊖

同样，为鼓励员工自发互动和在茶水间交谈而设计的办公室，可能使性格外向的人充满活力，但是对于像我一样内向的人来说就是一场噩梦。科学家发现[18]，内向的人比外向的人对噪声更敏感、更容易分心，而且在开放式布局的环境中工作可能会异常困难，但这种布局已经成为办公室设计的主导趋势。

尽管雇主们发现开放式办公室有很多优点，既灵活又便宜，但几乎所有员工都讨厌这样的办公室，对缺乏隐私、经常分心，尤其是噪声有诸多抱怨。没完没了的敲击键盘的声音和听不清楚的谈话

⊖　2018 年夏季，当辛西娅·尼克松（Cynthia Nixon）准备在民主党州长初选中与时任纽约州长安德鲁·科莫（Andrew Cuomo）辩论时，尼克松的一名助理要求把辩论大厅里的恒温器调到 24.4℃。据《纽约时报》报道，这位助理在给辩论组织者的一封电子邮件中指出，工作环境"在室温方面是出了名的性别歧视"[20]。

声使人难以集中注意力完成复杂的认知任务。（雪上加霜的是，开放式办公场所可能会让员工身体不适，因为整个办公室的员工都离得很近，他们咳嗽、打喷嚏，身上的微生物也被抖落下来。在2011 年的一项研究中，丹麦的研究人员发现，在开放式办公室工作的员工比在独立办公室工作的员工请病假的比例高出 62%，后者似乎能保护人们免受传染病侵袭，就像医院的独立病房那样。[19]）

开放式办公室可能会对某些类型的员工造成特别大的伤害，不仅是性格内向的员工，还有那些患有注意缺陷多动障碍（ADHD）或自闭症的人，坚持使用开放式办公室的雇主最好能提供一些基本的隔音设施，至少提供一些可以让不堪负荷的员工可以休息和补充精力的地方。⊖一些公司正采用以活动为基础的办公室，使员工可以随着一天中任务的变化在不同的工作空间之间移动。员工可能会使用站立式办公桌快速浏览电子邮件，坐在舒适的休息室里开展小组头脑风暴，然后躲在一个私密的角落专心研究和写作。总体而言，调查显示 [21]，员工喜欢以活动为基础的办公室以及它们赋予的自主权。这些安排是否能够提高生产力和绩效还不清楚，但是健康生活实验室的研究可以揭示，如何设计出能为普通工作场所活动提供支持的空间。

健康生活实验室团队雄心勃勃，没有话题禁区。在实验室的两天时间里，我看到这个团队不断产生新的想法。他们揣摩着或许可以把办公空间改成教室，或研究轮班工作对健康的影响，或探究某种办公条件是否能使脑外伤患者更容易重返工作岗位。他们概述了

⊖ 办公家具公司 Steelcase 与畅销书《安静：内向性格的竞争力》（*Quiet: The Power of Introverts in a World That Can't Stop Talking*）的作者苏珊·凯恩（Susan Cain）合作，为满足内向者的独特需求设计了一系列办公空间。预制的私人工作空间提供了视觉私密性、隔音和定制照明等功能。

未来的研究：调查办公室微生物、污染物和植物对健康的影响。鲍尔说："我们就像孩子进糖果店，对什么都感到兴奋。"

一年后，当我前来报到时，鲍尔和他的同事正开始分析，让办公室员工适当接触大自然的最佳方式。我们已经看到了大自然在帮助减少外科病人的疼痛、鼓励学生多运动方面的强大力量。植物还可以增强精神表现、提高注意力、专注力、记忆力、学习力和生产力[22]。研究表明[23]，在绿植环绕的小学里，学生的标准化考试成绩更高，当从教室里可以看到自然景观或带有充满植物的"绿色墙壁"时，学生在注意力测试中表现得更好。（办公室与学校有很多相似之处，总的来说，对办公室员工有益处的因素，如舒适的温度、最小的噪声、良好的通风、充沛的日光，以及自然风光对学生也是有益的。）

据密歇根大学（University of Michigan）的心理学家斯蒂芬（Stephen）和雷切尔·卡普兰（Rachel Kaplan）所说[24]，大自然对认知的影响证据确凿，可以用人们熟知的注意力恢复理论（attention restoration theory）来解释。这个颇具影响力的理论认为，自然环境能让大脑从日常生活的繁重认知任务（从撰写备忘录到计划饮食等）中得以休息。大自然吸引我们的注意力，但让我们可以毫不费力地参与其中，这通常被称作"软魅力"（soft fascination），使我们的精神得以休息。

然而，在墙上挂一幅巨大的自然景观壁画或者在办公大厅里放一两棵树就够了吗？我们需要从办公桌就能看到郁郁葱葱的景色或在我们的工作场所就能看到鲜活的植物吗？增添一点柔和的当地自然环境的声音会带来更多好处吗？健康生活实验室正在尝试回答这些问题。

在接下来的几年里，该团队还想要研究动态的昼夜节律照明对上班族是否有好处，并计划将几种不同的声音掩蔽策略进行对比。而且，研究已经表明，对周围环境有更多控制权的上班族报告的工作满意度更高，受其启发，他们将追踪研究对象控制全局时的情况，研究对象可以自己调节温度、灯光、湿度、通风率和隔音设置等[25]。

该实验室自身也将继续发展，而且实验室的领导者已经考虑融入更多技术，包括面部识别和情绪识别软件以及能够感应压力的地毯和家具。他们正在中国北京开设第二个健康生活实验室[26]，面积达 2.5 万平方英尺，是明尼苏达实验室的 3 倍多，还能够通过物理旋转以保持与阳光的接触。

科学家希望通过一系列产品来扩大他们的影响范围，可以让志愿者将这些产品摆放在日常工作的办公桌上，包括可以测量空气质量、光线水平、噪声等的小型、低成本、低能耗的传感器[27]。参与者将佩戴生物识别设备，可能是智能手表或手环，并在工作日使用他们的智能手机完成简短的调查和测试。所有数据都会自动上传至云端，然后传回健康生活实验室。鲍尔说："真正有益的事情就是，从实验室高度控制的环境中尽可能多地去探索学习，然后将所学的知识应用到真正的现实世界中。"

传统上来讲，开展严格的使用后研究一直是很困难的，这妨碍了我们了解办公室实际发生的情况以及其对员工的影响。波士顿一家名为 Humanyze 的工作场所分析公司的首席执行官兼联合创始人本·瓦贝尔（Ben Waber）说："你可以去世界上几乎任何一家公司，询问内部运行的一些基本问题，他们都答不上来。比如'管理层与工程团队有过多少交流？员工的工作量是多少'，没有人知道，这太疯狂了。"

技术正在开始改变这一状况。Humanyze 公司制作了软件和硬件，使企业可以分析其员工的数字化互动及面对面交流。其中有一款名为社交计量徽章（sociometric badge）的产品可以检测到员工之间的面对面对话[28]。这些徽章可以通过挂绳戴在脖子上，上面装有电子设备。每个设备都包含一个麦克风、一个加速度计以及蓝牙和红外传感器，可以追踪佩戴者的位置及他面对的方向。当检测到两名徽章佩戴者距离非常接近、面对彼此并进行交替讲话时，那么他们很可能是在聊天。（Humanyze 公司说，徽章并不记录谈话的内容，附带的软件仅提供匿名的汇总数据，而不提供某个员工的信息。）

Humanyze 将其产品授权给世界各地的公司。瓦贝尔在麻省理工学院（MIT）读研究生时帮助开发了这种徽章，并利用它们来研究哪种沟通方式能使人在职场获得成功。在一项对 IT 员工的研究中[29]，瓦贝尔和他的同事证实，尽管像 Slack 这样的通信软件被迅速采用，但面对面交流依然是黄金准则。实际接触与更高的生产力和更好的表现有关，尤其是当工作任务很复杂的时候，而且在面对面交流时，团队更有凝聚力。他们还发现，距离上的亲近是促进这些互动的最佳方式。"我们在各个公司发现，你与他人交流的可能性，无论是面对面交流还是通过数字化设备，都与办公桌之间的距离接近度成正比。"瓦贝尔解释道。这再次证明了一个事实：我们本质上是喜欢"便利"的生物，最可能吃触手可及的食物、与自己附近的人交谈。

以一家大型的欧洲银行为例[30]，它想要弄清楚为什么它的一些分支机构比另一些更成功。通过使用 Humanyze 徽章，该银行发现，其最好的分支机构的员工比表现不佳的分支机构的员工进行的面对面交流更多。另外，在一些表现不佳的分支机构中，员工自动分成了两个截然不同的群体，而两个群体的成员之间很少交谈。

瓦贝尔告诉我："很快事情就明朗了。"在这些分支机构里，员工分散在两个楼层，一楼的员工很少去和二楼的员工交谈，反之亦然。瓦贝尔说："走上楼只需要不到十秒钟的时间，但是大家却不去做。工作场所的组织力就是如此强大。"在随后的几个月里，该银行开始让其员工在各楼层之间进行系统的轮换。这一行动颇有成效。第二年，这些分支机构的业绩增加了11%[31]。

在另一项研究中，Humanyze公司发现，在一家线上旅游公司中，表现最佳的软件工程师往往与很多人一起吃午餐，而表现不佳的工程师只与少数几个同事一起用餐。在该公司将小餐桌替换成大餐桌后，其生产力攀升10%[32]。

当然，促进员工沟通的原因是复杂的，仅仅确保员工都坐在很近的地方并不意味着他们能够进行有意义的交谈。这正是哈佛商学院领导力与组织行为学副教授伊桑·伯恩斯坦（Ethan Bernstein），在利用Humanyze徽章帮助解决一场关于开放式办公室的所谓优势的辩论时所了解到的。尽管开放式布局的弊端据有可查，但许多高管仍然认为，消除办公室的硬件障碍，可以帮助他们克服更加抽象化的障碍，而且将员工都安排在一个大型开放空间里，可以促进交流和团队合作。

对这一课题的研究主要依赖于员工自身对办公室互动的印象[33]，却得出了相互矛盾的结论，而Humanyze徽章为伯恩斯坦提供了一种可以直接测量员工之间沟通交流的方法。他告诉我："如果我们要宣称开放办公室'如何'增加互动，我们应该对互动进行测量，而不是感知，因为在我们现在生活的世界里，我们是可以做到的。"

伯恩斯坦利用徽章追踪了一家《财富》500 强公司的员工[34]。该公司想要放弃小隔间，改用开放式布局，以此来促进员工进行更多面对面交流。他招募了该公司的 52 位员工，在办公室重新设计前后佩戴社交计量徽章。尽管公司的初衷是好的，但是在新的开放办公室里，面对面互动直线下降，在办公室重新设计后，员工直接交谈的时间总量惊人地下降了 72%。然而，通过电子邮件和即时通信等方式进行的数字化交流迅速攀升，这表明，电子互动已经取代了公司一直渴望提升的面对面交流。（该公司也报告称，在办公室重新设计后，员工生产力下降了。）

大量心理学证据表明，我们希望在工作场所至少保留一点隐私。在缺乏这种私密性的情况下，员工可能会退出社交活动。另外，他们可能会对在办公室其他同事能听到的范围内进行面对面交谈心存警惕。伯恩斯坦告诉我："所以，很快人们就发现互动的标准已不存在，那么取而代之的标准是什么呢？戴上耳机、盯着屏幕、专注工作。"如果你有问题要问同事，在网上联系她就可以。"坦率地讲，我并不责怪在那种环境下为了减少面对面交流而选择风险较小的电子化交流的人们。"伯恩斯坦说道。

伯恩斯坦的发现为开放式办公室研究文献增添了一个有趣的线索，而 Humanyze 徽章使定量研究成为可能。他说："我喜欢观察研究，我喜欢人种学研究，我喜欢定性研究，所有这些都是很好的工作，但是没有什么可以替代对你想要研究的东西进行精确追踪。我认为这项技术既有优点也有缺点，但总的来讲，如果我们使用得当，就会带来巨大的机遇。"

WeWork 就是充分利用这些机遇的公司之一，这是一家颇具争议的联合办公公司，成立于 2010 年。WeWork 向外出租大型办公空间，将这些空间进行改造和分割，然后将办公桌和较小的办公空间出租给自由职业者、企业家、初创企业、甚至像微软和 Facebook 这样的大公司。典型的 WeWork 办公室通常包含各种空间和设施，包括私人电话亭和各种会议室，从配备了舒适座椅的小型休息室到配备了会议桌和白板的类似会议室的较大空间。每处办公场所都是独一无二的，都经过精心设计，配有 20 世纪中古风（midcentury modern）的家具、柔和的灯光、丰富的植物、定制壁画以及有趣的、带图案的壁纸。有些空间还允许带狗进入，或是配有其他福利设施，如静思室、健身中心、室外露台、乒乓球桌等。

WeWork 众创空间以指数级发展壮大；到 2019 年初 [35]，全球共有 400 多个办公地点和 40 万会员，其估值飙升至数百亿美元。一路走来，它成为风险投资的宠儿，但由于其创始人打破传统且颇具争议，而且据传，其公司秉承类似兄弟会的文化，尤其是其商业模式的可持续性不高，WeWork 也招致了严格的审查和批评 [36]。评论家表示，WeWork 是在全球经济衰退后诞生的，当时房地产价格低廉，该公司对长期租赁的依赖，可能会使其在经济再次低迷的时候尤为脆弱。2019 年秋季，WeWork 的创始人因被指控不道德商业行为及不良个人行为，辞去了首席执行官一职，面对投资者的强烈质疑，该公司也放弃了首次公开募股（IPO）计划 [37]。

尽管 WeWork 的未来仍不明朗，但该公司早期的疯狂发展和快速扩张的业务为我们提供了一个机会，可以更多地了解人们的工作方式以及他们想要和需要什么样的办公空间。2017 年 9 月，我去了位于曼哈顿的 WeWork 公司总部，看看该公司有什么发现。接待区又大又空，硬木地板上散落着各式各样的沙发和小地毯。星期三上午 11 点，流行音乐响起，数十名年轻时尚的专业人员在周围转来转去。这里给人的感觉更像是咖啡馆而不是办公室，里面还有一间真正的咖啡吧，一名咖啡师，这更增强了这种氛围。（还有瓶装的水果浸泡水和免费的精酿啤酒。）

我还没来得及在一个土黄色沙发上坐下来，WeWork 公司那位纤瘦又时髦的研究部主任丹尼尔·戴维斯（Daniel Davis）就出现了。快速参观了一下之后，他把我领进了一间私密的会议室。我们在一张小桌子旁坐了下来，戴维斯向我讲述了 WeWork 是如何从一家联合办公公司变成一家研究公司的。

作为一家现代公司，WeWork 依靠软件进行空间管理并与其会员互动；在一般的工作日里，每栋 WeWork 建筑里的租户都会产生含有办公室行为信息的数字化废弃物。拥有计算机设计博士学位、带着新西兰口音的戴维斯说："建筑师通常不会把他们的建筑看作产生数据或包含世界信息的东西，他们把建筑视为空间和体验。"但是，他补充说："建筑本身就能产生数据，而且有了这些数据，我们就能够了解员工的行为模式并做出预测。"

比如，会员通过 WeWork 应用程序预定会议室，截至 2018 年 10 月，该公司的中央数据库已包含 680 万条会议室预定信息[38]。戴维斯说，通过研究这一数据，"我们可以拼凑出一幅空间使用情况的画面"。

该公司已经学到了改变他们设计方式，甚至改变了他们的空间构想方式的知识。戴维斯告诉我："我们过去常常把开会的地方描述为会议室，我认为就连这种命名也在暗示设计师，必须要设计成这样正式的空间，要有一台电视、一台投影仪，而且，你知道的，还会有 10 个人一起观看幻灯片演示。"但结果发现，这是一个相对少见的使用情况。一般的会议只有 2 ～ 3 人参加，即使是在为容纳 12 个人设计的会议室里，61% 的会议也只有 4 个或不到 4 个人参加。在绝大多数会议中，根本没人需要使用投影仪或白板 [39]。

这些发现表明，WeWork 需要为小团体提供更多的休闲聚会的空间。戴维斯说："我们仍在设计适合那些大型团体进行正式演讲的空间，但是我们也开始设计一系列可以加强对话的空间，灯光调暗一点，气氛也更加缓和了。座位一般不要太正式，所以可能会放一个沙发或一些舒适的椅子，空间里的音响效果也不同。没有电视，也没有白板。所以，这是根据经验得出的结论，而且改变了我们设计会议室的思路。"

会议结束后，WeWork 应用程序会向成员们发送消息，要求他们为会议室评分，并留下评语。戴维斯说："有些人会抱怨椅子，或者抱怨壁纸，或者抱怨白板记号笔不够。"如果抱怨的事情很容易解决，比如缺记号笔，那么 WeWork 的社区经理就可以当场解决问题。

有时候，这些评语会暴露出更基本的设计问题。在位于华盛顿特区的一处办公区，设计师在一间会议室里使用了戴维斯所描述的"时髦的亮黄色壁纸"。他告诉我说："我们看到那间会议室的所有反馈都和壁纸有关，而且所有评论都是非常负面的——人们说壁纸太亮眼了，而且会分散注意力。"根据反馈，WeWork 便可以更换或者再重新贴一层壁纸，并记下以后不再使用这款壁纸。（该公司不断把尚未解决的设计元素列入"黑名单"，例如，一款看起来很酷，但实际坐上去很不舒服的、特别的金属椅子。[40]）

戴维斯和他的同事还分析了分布在 140 栋建筑中的 3 000 多间 WeWork 私人办公室的租赁数据，想看看是否能找出有些办公室受欢迎而有些则很难吸引租户的原因 [41]。他们的一些发现并不令人惊讶，比如人们喜欢租带窗户的办公室；但其他发现则不那么直观，比如，他们了解到，正方形办公室比较长的矩形办公室更受欢迎。戴维斯告诉我：“我们认为这是因为正方形的房间更容易重新布置。”

随着 WeWork 在全球的扩张，其设计师和研究人员开始探索工作场所行为的跨文化差异 [42]。他们发现，不同国家的会议文化各不相同。比如与巴西相比，中国的聚会往往规模更大，也更正式，午餐时间也是如此。美国的工作狂经常一个人在办公桌前吃午饭，但是在荷兰的 WeWork 办公室，大家一起坐下来吃面包是很常见的。这一发现促使 WeWork 在荷兰办公室的厨房和休息室里安装了更大的桌子。（Humanyze 公司也会赞同的。）

有了这些发现，再加上其他发现，WeWork 开发了可以帮助进行自动化办公室设计的软件 [43]。该公司开发了一种算法，可以预测特定会议室的使用频率，这有助于其建筑师确保新办公室中会议室的数量和配比准确无误。该公司还编写了一个程序，可以布置多人办公室中的办公桌。这款程序可以最大程度增加办公桌的数量，同时又确保员工有足够的走动空间，它可以在不到 1 秒钟的时间内安排好 20 张办公桌。这两款自动化系统的性能都优于人类设计师。戴维斯告诉我：“你可以想象一下，在未来，这些算法将能够就空间布局提出更细致和明智的建议。”

无论 WeWork 的未来如何，我猜想，其数据驱动型工作空间设计方式只会变得越来越普遍。戴维斯说：“在 10 年或 20 年后，将会有更多关于我们的建筑环境的数据。不可避免的是，在构成建筑

环境的结构中将嵌入更多传感器和技术。"⊖

随着我对这项技术了解得越多，就越想知道它到底是为谁服务的。仅仅因为建筑师和雇主可以获得关于办公空间的更多信息，并不意味着他们是为了员工利益才将这项技术挖掘出来的。（一个高效的员工不一定是快乐的。）可以想象，企业希望使用一种算法来帮助他们，使坐在窗户附近的员工数量最大化，但是，他们是不是更可能利用这些工具，去弄清楚如何把更多的人塞进有限的空间？

除此之外，研究和监视之间的界限是很微妙的。许多公司已经使用软件记录员工敲击键盘的情况[44]，监视他们的到岗时间，并绘制其实时位置图，而新的行为追踪技术也提供了新的可能性。亚马逊已经为追踪仓库工人手部活动的腕带申请了专利[45]，呼叫中心也试验了一款可以监测客户和员工声音中存在的情绪的软件[46]。

企业可以利用这些技术，去尝试了解如何使其员工感到快乐以及他们需要什么才能成功。或者企业可以利用这些技术，胁迫和控制它们的员工并从其身上榨取全部生产力。而且我怀疑，仓库和呼叫中心的工作人员，以及在其他环境中，往往超负荷工作且工资过低的员工，恰恰是那些最可能发现自己受到这种技术微观管理的人。除了侵犯隐私外，当员工越来越紧紧逼迫自己努力达到公司设定的标准时，这种监视还会危害员工的健康和安全。或者，可能会激发创造性的努力，来逃避或愚弄追踪技术，最终使其毫无用处，甚至产生适得其反的效果，使员工压力更大，生产力更低。

我向 Humanyze 公司的本·瓦贝尔询问起这些担忧，让我惊讶

⊖ 事实上，WeWork 的方法已经在传播。戴维斯于 2019 年离开公司，在一家大型的澳大利亚建筑公司中成立了一个新的研究团队，和他在 WeWork 时领导的团队类似。

的是，他迅速对工作场所追踪技术呈现的严重风险表示认同。他说："有些人最终将利用这类数据，做一些真正错误的事情，所以在我们的行业中，绝对需要特定的法规。"瓦贝尔说，像欧盟的《通用数据保护条例》这样的数字隐私法是一个良好的开端，但是它并不是为了保护员工的权利而设立的，员工可能会发现自己面临不得不同意技术监控的巨大压力。瓦贝尔告诉我："比如，我可以停止使用Facebook，这可能会造成一点不便，但是你知道吗？Facebook 并不能控制我的生活，它对我没有多大控制力，而你的雇主却可以⊖。"

理想情况下，瓦贝尔希望看到立法能够对企业可以收集的员工数据类型加以限制，并规定当企业测试新的行为追踪技术时，必须严格遵照员工自愿参与的原则。他说："这项技术有很多益处，但是如果以微观管理的方式执行，那就成了'老大哥'行为，你就看不到那些益处了。"

还有一种方法可以增加这些工作场所数据惠及员工的概率：将其交到他们自己的手上。几年前，马克·西普（Marc Syp）在NBBJ 建筑公司带领设计计算团队的时候，他就开始探索这种可能性了。（在那以后，他就跳槽到了一家新公司。）西普知道办公室内部的条件存在很大差异，厨房旁边的休息室可能很温暖、明亮又喧闹，而会议室后面的凹室则很凉爽、昏暗、安静。但他意识到，员工并没有一个好的方法可以获得这些信息。他们只需要在手机上刷几下，就能获得复杂的户外天气信息，但如果他们想密切关注室内

⊖　2015 年[48]，一名加利福尼亚州的妇女声称，她担任销售主管的那家电汇公司解雇了她，原因是她删除了一款一直在追踪她位置的手机应用程序，这个程度即使在她不当班的时候也没有停止追踪。她起诉了该公司，最终双方达成庭外和解。

气候，大多没有那么好的运气了。西普说："建筑真的是信息时代最后的'黑箱'。当你走进一栋建筑时，不妨把你的智能手机丢进水桶里。"

通过开发了一款使人们可以监测办公室内部实时环境状况的应用程序，西普开始着手解决这个问题，并开始寻找合适的工作场所。他将这款应用程序称为"Goldilocks"（金凤花姑娘）[47]。西普解释道："整体思想是这样的，假设你在办公室，有人在和你打电话，窗户透过的光有些刺眼，然后你就想'好吧，我得找个更好的地方'。然后你就可以打开 Goldilocks 应用程序然后说'我需要一个更凉快安静的地方'。"这个与分散在办公室的环境传感器相连接的应用程序，会突出显示当前符合你想要的条件的区域，如果员工所关注的区域已经被占用，运动传感器会提醒他们。

一些产品可以使员工更加直接地控制办公室环境。加利福尼亚州的 Comfy 公司制作了一款与空调系统连接的移动应用程序，使办公室员工可以调节自己工位的温度[49]。员工点击"降温"（cool my space）按钮，就可以获得一阵凉风；"升温"（warm my space）按钮会唤来一阵暖风。随着时间的推移，该系统会了解员工的习惯模式，如果一群坐在一大排窗户旁的员工每天一上班就要求吹热风的话，Comfy 程序会在早晨自动为该区域升温。（该系统还很节能。事实证明，将整个办公室的温控器设置到一个预定的温度，不仅使员工感到不舒服，而且启动效率也很低。）⊖

⊖　一些工程师正在为个人温度控制寻求其他创新策略。加州大学伯克利分校建筑环境中心的科学家们已经建立并测试了多种"个人舒适系统"，包括可以为冻得发抖或热得冒汗的员工提供升温或降温服务的电动桌下暖脚器和低功率办公椅。马里兰大学（University of Maryland）的研究人员创造了 RoCo，这是一种移动空调机器人，可以跟着周围的人走动，让他们沐浴在冷空气中。

建筑师兼工程师卡洛·拉蒂（Carlo Ratti）是麻省理工学院感知城市实验室（Senseable City Lab）的负责人，他将个人热环境理念进一步推广。在他设计的系统中，安装在天花板上的加热和冷却设备会产生个性化的"热气泡"，当人们在建筑内走动时，这些热气泡会跟随他们[50]。

然而这些技术也无法解决工作场所的问题。它们没有解决现代就业中的一些重要的结构性问题，包括工作过度、工资停滞不前以及自由职业和合同工的不稳定性。世界上许多劳动者面临的问题，远不止是略微寒冷的办公室或是过于正式的会议室，而且办公室员工很可能想要的是更好的带薪休假政策，而不是设计完美的热气泡。

虽然 WeWork 公司探索了超个性化工作区的想法，在我拜访该公司总部期间，我看到一张智能办公桌的原型，可以自动升到员工喜欢的高度。但实际上戴维斯发现，某些潜在的应用程序只是噱头，无法改变游戏规则。他告诉我："我对其价值表示怀疑。我不确定如果温度相差 5 摄氏度或是灯光呈现我想要的完美的黄色，你我的这次见面体验是否会更好。"

对超个性化工作区的渴望，以及为了使其成真而进行的不断创新，的确揭示了我们目前的办公室离理想的样子还有多远。随着技术越来越紧密地融合到我们的建筑中，它至少可以让一些员工对其环境有更多的控制权，并赋予员工能力，去创造更好地满足他们需求的空间。

当然，设计一个能服务于各种各样白领阶层的办公室是一回事，而创造能够为拥有不同能力和经历的人提供支持的空间则完全是另外一项挑战。

第 5 章

全谱系通用

　　2014 年 5 月 22 日，林赛·伊顿（Lindsey Eaton）在亚利桑那州坦佩市（Tempe）的富国银行体育馆（Wells Fargo Arena）登台表演。这位身材娇小、金发碧眼的高中毕业班学生热爱写作和演讲，她一直梦想着在毕业典礼上发表演讲。这一刻终于到来了。她走到麦克风前，发表她练习了好几个月的演讲。她对着欢呼和鼓掌的人群说："我有自闭症，这意味着我注定不同寻常。我要感谢每位老师和每位即将毕业的学生，因为你们看到了我身上的可能性，而不是缺陷。"[1]

　　这是一个胜利的时刻，但是高潮很快就消失了[2]。在从典礼回家的路上，伊顿流下了眼泪。她的同学都在去庆祝派对的路上，几个月后，他们就要去上大学了。而她正和父母一起往家走，对未来没有明确的计划。她的内心忧虑重重：她将怎样去找工作？找公寓？她能独自生活吗？

　　在随后的岁月里，伊顿苦苦挣扎。她看着高中同学和两个妹妹开始独立生活。同时，她困在父母家中，担心自己最好的时光已经过去了。这不是她想象中的生活。我们在 2018 年春季交谈时，她回忆道："我有更大的梦想，更大的希望，更大的期待。"

　　她想要找一份自己喜欢的工作并独立生活。当时，她希望成为一名学前班老师，但是她不知道如何做到这一点。伊顿无法独自支付房租，并且，一想到要和室友同住，她就紧张。而且没有一个地方可以真正满足她的需求。她不能开车，所以她需要住在靠近公共交通的地方，但是她又忍受不了巨大的噪声，所以热闹的市区也不是理想之地。而且，由于她还在努力掌握处理一些日常任务的能力，例如打扫卫生和保持整洁，所以她可能在一个有强大的辅助体系，或至少有一个善解人意的房东的地方才能表现得最好。

　　她的父母接受了永远不会成为空巢老人的事实。她的父亲道格·伊顿（Doug Eaton）告诉我："我们对林赛和她的生活的愿景是，让她住在我们房子后面的一家招待所中。这家招待所和我们的愿景一样全面。"

　　这并不是个罕见的故事。自闭症是一种复杂的异质性疾病。患有自闭症的人在技能、敏感性和个人强项方面千差万别。（因此有句谚语"没有两个相同的自闭症患者"。）⊖有些患有自闭症的年轻人可能需要全天照料[3]，而另一些则可以和其他神经正常的同龄人一起上大学、租住公寓，还有很多人处于这二者之间，想要独立，却很难实现。

　　与其他类型的残障人士相比，患有自闭症的成年人独立生活的可能性明显更低，往往与其社群的联系更加疏远，但是这种情况正在慢慢开始改变。2018 年夏天，在高中毕业 4 年后，也就是在我们第一次谈话的几个月后，林赛·伊顿终于搬到了属于她自己的地方。

　　在美国，残疾人权利运动扎根于 20 世纪中期，早在自闭症成为广泛公认的疾病之前很多年便已经扎根。在 20 世纪 60 年代，作为扩大美国黑人、妇女和其他边缘群体权利的社会斗争的一部

⊖　关于自闭症和身份认同的语言正在发展。多年来，人们认为最好的做法是使用所谓"以人为本"的语言，将自闭症谱系中的人描述为自闭症患者（person with autism），以强调自闭症并不能给他们下定义。而且，一些自闭症患者，包括林赛·伊顿，仍然更喜欢这种语言。但是还有很多人说，自闭症是他们身份的重要组成部分，因此他们更喜欢使用身份优先的语言，例如"自闭者"（autistic person）。鉴于这些对立的观点，尽管我尊重所有消息来源对他们身份定义的偏好，但我还是交替使用"成年自闭症患者"（adults with autism）和"自闭成人"（autistic adults）两种称呼。

分，残疾人权利运动的势头越来越猛。最初几年，有关无障碍设施的讨论主要关注的是身体有残疾的人。1961 年，美国标准协会（American Standards Association）发布了一套旨在使身体有残疾的人可以无障碍使用建筑物和设施的准则[4]，建议采用轮椅坡道、宽阔门道和浴室扶手等设计。后来，其中很多想法都在 1990 年颁布的《美国残疾人法案》（Americans with Disabilities Act，以下简称"ADA"）及其附带的设计标准中得到正式体现[5]。ADA 是民权立法的里程碑，禁止因残疾引发的歧视，并强制建筑物进行无障碍设置。（根据该法案，现有建筑物"未能消除建筑障碍"本身就是一种歧视。）该法案促进了无障碍设施的重大改善，尤其是对使用轮椅的人而言。路边通道、坡道、自动门和无障碍卫生间都变得越来越普遍[6]。

然而残障人士依然面临很多障碍。ADA 的执行并不一致，法律本身也存在漏洞，许多建筑和公共区域对残障人士来说基本上仍然无法通行。（比方说公共交通，对残障人士而言是出了名的难进。）另外，传统上，设计师、开发商和业主更关注照顾轮椅使用者[7]，而不是那些与常人差别不太明显，尤其是差别主要体现在大脑上的残障人士。建筑环境的许多功能可能会给某些有认知障碍、精神疾病和神经系统疾病的残障人士带来挑战。例如，患有创伤后应激障碍（PTSD）的人在被迫穿过狭窄的通道或盲区弯道时会变得焦虑[8]，而自闭症、癫痫、偏头痛和外伤性脑损伤都会使人对光和声音等感觉刺激异常敏感。（这意味着，雇主们非常喜欢的开放式办公室，对于有这类病症的人来说可能是一场噩梦，就像越发吵得让人无法忍受的现代餐馆一样。）

除了不受欢迎的公共空间，有些存在认知和发育障碍的人，可能很难找到能够满足他们需求的住所，就像林赛·伊顿一样。自闭症自我倡导网络（Autistic Self Advocacy Network，ASAN）的公共政策主任萨姆·克兰（Sam Crane）说："常人住的房子最终并不太适合存在认知和发育障碍的人。"闪烁的灯光、隔墙都能听到的对话、家用电器的嗡嗡声以及邻居做饭的味道都能对自闭症患者造成困扰，如果他们居住在不隔音的公寓里，或与其他单位共用空调系统使得外部气味可以渗入的话，他们可能会感到很艰难。

　　此外，一些自闭症成人可能需要能允许他们进行重复性自我舒缓动作的居住空间。克兰告诉我关于她一个朋友的故事："她像许多自闭症患者一样，需要上下跳跃。而这是在公寓里住在别人家楼上的人不应该做的事。"她的朋友确实找到了一套符合要求的公寓，却遇到了一个因为她没有把房子保持得足够干净而不断烦扰她的房东。这位朋友最终搬出了公寓，搬进了克兰的地下室。克兰说："自我管理对于这些残障人士是否能住在公寓里非常重要。"成本也是一个重要障碍，因为很多有发育障碍的成年人就业不充分，收入有限。

　　在某种程度上，自闭症成人缺乏住房一直是一个先有鸡还是先有蛋的问题。自闭症成人很少独立生活，因为没有找到足够的合适住房或得到足够的帮助；而传统上，设计师没有优先考虑他们的需求，是因为没有太多自闭症成人会独立生活。克兰说："社区里住着很多身体有残疾的人，这给提供无障碍住房带来了很大压力。对于那些有严重智力和发育障碍的人来说，提供无障碍住房的过程则更慢一些。"

　　多亏了几个趋势的融合，无障碍的想法也在不断发展。在过去的几十年里，许多国家开始了非机构化进程，关闭了曾经满是患有精神疾病和发育缺陷的成年人的大型医院和机构。1999 年，美国最高法院宣布 [9]，在大型集体场所隔离残疾人是一种歧视，应该"在最完整的环境中"提供政府服务。因此，越来越多残疾成年人在自己的家庭和社区中生活并接受支持服务。许多残疾人在为自己呐喊，为了与那些没有残疾的人并肩生活、工作和上学的权利而奋斗。研究人员已经积累的证据表明 [10]，当患有残疾的成年人至少半独立生活时，他们会有更广泛、更多样化的社交网络，能更多地参与到社区中，报告的个人幸福水平更高，对生活也更满意。

此外，残疾人权利活动家一直在推进神经多样性范式，该范式认为，自闭症、阅读障碍、图雷特综合征（Tourette's syndrome）和注意力不集中症等神经系统疾病不是缺陷或功能障碍，而只是体验世界的不同方式，是带有独特优势的自然认知差异。这是我们看待残疾这一问题的更为广泛的文化转变的一部分（尽管是不完整的）。传统的残疾医学模型将身体和认知障碍定性为需要解决的棘手问题，这个模型现在已经让位于一个社会模型，即认定使用轮椅或患自闭症并不是残疾，而居住在无法容纳这些差异的环境（社会）中才是。

"无障碍设计"已经被"通用设计"取代，其目的是创造的空间、产品和体验能在各个年龄段和整个能力谱系内，为尽可能广泛的人群提供服务。其目标是要做更多事情，而不只是给予人们"通行便利"，还要赋予人们充分参与社会方方面面的力量。

"每个人都有享受优秀设计的基本权利。"美国大学开罗分校（American University in Cairo）的建筑师兼副教授玛格达·莫斯塔法（Magda Mostafa）说道，他专门为自闭症患者进行设计。"设计标准仅适用于完美的身高为一米八的、具备良好视力和听力、具有典型的统计学感官特征的男性，我认为这是非常有局限性的。我们忽视了很多人。"

医学的进步和我们不断延长的寿命，意味着生活中患有残疾的人比以往任何时候都要多[11]。十分之一的美国成年人报告称患有某种认知障碍[12]，与过去几十年相比，如今人们被诊断出患有认知和发育疾病，尤其是自闭症和注意力不集中症的频率要高得多[13]。而且身体机能是动态的，在我们的一生中，我们所有人都会经历身心能力的波动。

设计师们越来越多地考虑到这些认知和感觉上的差异。例如，帕金斯威尔建筑公司（Perkins+Will）最近为辛辛那提大学加德纳神经科学研究所（University of Cincinnati Gardner Neuroscience Institute）设计了一座新大楼，该研究所专门治疗患有一系列神经系统疾病的患者，为此，该建筑公司组建了一个患者咨询小组，研究如何让大楼更受欢迎[14]。为了帮助那些可能存在认路困难的患者，建筑师确保他们在走廊能看到室外，这有助于人们保持方向感。为了减少眩光，他们用白色的网将建筑包裹起来，以确保进入建筑的日光柔和又分散。

在主要为失聪或听力不佳的学生提供服务的加洛德特大学（Gallaudet University），建筑师和学者们正在开创一种被称为"聋人空间"（Deaf Space）的设计方法[15]。聋人空间原则概述了很多设计功能，可以使人们更容易进行视觉交流，空间中包括半透明和不完全墙壁、圆形或半圆形的家具布置，以及涂上柔和的蓝色和绿色的房间，与人的肤色形成鲜明对比，使标志和手势更加明显。宽阔的走廊、代替楼梯的斜坡以及自动门，使人们在行走时打手势可以不受干扰，而隔音设计可以使空间更有利于使用助听器或人工耳蜗的人。

而且，在世界范围内，人们对创建自闭症友好型空间的兴趣日益浓厚，包括专门为自闭症学生设计的学校和满足神经多样性员工需求的办公室。动物园、水族馆、体育馆、游乐园、电影院、超市和机场已经开辟了安静区和低刺激的购物和放映时段。甚至还有一款叫作"文化城市"（Kulture City）的专门应用程序，可以帮助人们找到这些空间和设施。（该应用程序的一名开发者告诉《快公司》（Fast Company）杂志说："就囊括各种感官体验而言，这就像 Yelp 网站一样。"[16]）

设计师和开发商也在探索新的住房理念。佛罗里达大学辛伯格住房研究中心（Shimberg Center for Housing Studies）教授谢里·阿伦岑（Sherry Ahrentzen）说："越来越多人有兴趣想要了解这一谱系的成年人需要什么才能在社区中更加独立地生活。"十多年前，阿伦岑开始亲自研究这个课题，并与一家想要开始为自闭症成人建造住房的非营利性组织合作。对林赛·伊顿来说，幸运的是，该组织刚好位于亚利桑那州的凤凰城，离她长大的地方只有几千米。

1991 年，性格非常开朗的市场营销主管丹尼丝·雷斯尼克（Denise Resnik）生下了她的第二个孩子马特（Matt），一个男孩儿。马特的婴儿时期很正常，但是在过完第一个生日之后几个月，他掌握的一些技能开始衰退。他的语言退化，也不再和父母有眼神交流。马特两岁的时候，医生诊断他患有自闭症[17]。雷斯尼克告诉我："我们被告知要爱他、接受他，并要计划把他送进专门机构。"

雷斯尼克是凤凰城人，是她自己的通信公司的首席执行官和创始人，她不太喜欢别人告诉她应该做什么。1997 年，她与别人联合创立了现在的西南自闭症研究与资源中心（Southwest Autism Research and Resource Center, SARRC）[18]。在随后的几年里，她帮助 SARRC 发展为拥有 190 名员工、价值 1 500 万美元的机构，为自闭症患者及其家人提供几乎所有可以想象到的服务，包括诊断测试、早期干预计划、教育研讨班、支持小组、同伴指导计划、英语和西班牙语社区外展服务、就业指导、普惠性学前教育，还有一个研究中心。

随着 SARRC 的发展，雷斯尼克一直在思考住房问题，这已经成为一个紧迫的问题：每年，在美国大约有 5 万名自闭症儿童成年，他们都需要住的地方[19]。这个问题对于她个人来说也很紧迫。马特长大了，雷斯尼克知道她和丈夫不能永远在马特身边。虽然马特喜欢唱歌，但是他的语言能力较差，癫痫经常发作，这在自闭症人群中并不罕见。雷斯尼克认为，这些挑战使马特很难完全独立生活，但是她认为马特也不应该去任何一个机构或者团体之家。她回忆道："我去看了其中一些机构的建筑环境，然后都迅速逃离了。"

雷斯尼克想为她的儿子以及她通过 SARRC 认识的所有儿童、青少年和成年人带来一些不一样的东西。她开始考虑为自闭症成年人专门开发一个住宅项目，并在 2007 年与当时还在亚利桑那州立大学的阿伦岑和她的同事金·斯蒂尔（Kim Steele）合作。他们一起探索了各种方案、设计了各种可能性，为此梳理了科学文献，研究了残障成年人的现有住宅，以了解哪些方案和可能性可行、哪些不可行。阿伦岑和斯蒂尔以这项研究为出发点，给自闭症成年人建造家园制定了一套设计目标和指南。（在 2009 年的一份报告中他们发表了自己的研究成果[20]，题为《推进全谱系通用住房：为患有自闭症谱系障碍的成年人设计》（*Advancing Full Spectrum Housing:*

Designing for Adults with Autism Spectrum Disorders）。）⊖

指南里的准则不是一成不变的。在为自闭症患者（非自闭症患者同样）设计时，没有放之四海而皆准的解决方案。例如，虽然许多自闭症患者很容易被感官刺激所打击，但其他自闭症患者却可能渴望这种刺激，这是斯蒂尔通过观察她的自闭症女儿了解到的。斯蒂尔告诉我："她真的很喜欢响亮的音乐，而且身体动作很多。而另一些人则确实需要始终戴着降噪耳机，而且并不需要一直走动和蹦蹦跳跳。"

阿伦岑和斯蒂尔说，建筑师可以轻松地根据个人喜好定制私人住宅。建造共享住宅比较棘手，但是在大多数情况下，设计师应该默认创建平静的环境。他们可以通过使用柔和宁静的色调、避开吵闹的声响、安装静音的电器和空调系统使感官负担降到最低⊖。他们应该避免使用荧光灯，因为荧光灯会闪烁并发出嗡嗡声，可能还要考虑为感到压抑的人添加低噪声的"逃避"空间。他们可以为寻求感官体验的住户添加专门的感官体验室，配备五颜六色的灯光和触觉玩具，住户还可以根据自己需要的刺激来装饰自己的私人空间。

阿伦岑和斯蒂尔的设计指南还敦促建筑师仔细考虑住户的社交生活。由于社交互动对于一些自闭症患者可能是一个挑战，因此通常会假设自闭症患者对于同他人建立亲密关系不感兴趣。实际上，

⊖ 同年，SARRC 与城市土地研究所（Urban Land Institute）合作发表了一份伴随报告，题为《敞开大门：探讨患有自闭症及相关障碍的成年人的住房选择》（*Opening Doors: A Discussion of Residential Options for Adults Living with Autism and Related Disorders*）。

⊖ 斯蒂尔提醒说，平静不一定意味着单调或沉闷。她告诉我："在布置这些真正空白的房间时，建筑师往往会犯错误，你获得了对自闭症患者的刻板印象，然后建筑师会将自闭症患者的居所设计为一个白盒子。这并没有太大帮助。"

阿伦岑和斯蒂尔还与认为不需要设计任何情侣空间的开发商进行了交流。事实并非如此。阿伦岑说："自闭症患者也有生活经历，并且希望拥有与很多非自闭症患者一样的生活经历。"

为此，该指南建议设计共享住宅的设计师创建公共空间，比如庭院和厨房、花园和收发室，居民可以在这里相遇。同时，他们应该找到方法来确保人们可以控制互动量和互动方式。例如，设计师可以创建一些带凹室、角落和窗座的公共空间，这样居民就可以和其他人一起共度时光却又不必坐在人群中心。他们可以有策略地布置半墙、墙洞和室内窗户，使人们可以在进入共享空间之前事先查看一下里面的情况。

此外，确保成年自闭症居民拥有私人空间，可以让他们在承担社交风险时感到更自在。拥有私人空间也维护了他们的尊严，这是团体之家和机构有时候做不到的。阿伦岑说："我们看到有的地方卧室没有安装门，因为他们认为成年自闭症患者会伤害自己，始终需要监视。"

另外，指南还建议，为成年自闭症患者设计的住房应该是耐用且熟悉的，具有类似家里的装饰、易于辨认的布局以及功能界定明确的空间。考虑到有的成年自闭症患者存在平衡问题、视觉障碍或容易迷路，所以住房设计应该既能促进独立性又能保持居住者的健康和安全，而且价格上要能负担得起，并能够很好地融入更为广泛的社区之中。

该设计指南只是雷斯尼克的起点。在随后的几年里，她和她在SARRC 的同事与患自闭症的成年人及其家人、自闭症服务提供者、当地开发商和住房官员组织了一系列焦点小组和讨论 [21]。2012 年，雷斯尼克成立了 SARRC 的姊妹非营利组织，名为"榜首"（First Place），2 年后，她得到了位于凤凰城市中心的一块 1.4 英亩的空地。该组织着手为成年自闭症患者创建公寓楼，他们称其为"榜首 – 凤凰城"（First Place-Phoenix），并聘请 RSP 建筑师公司来主导设计过程。建筑师们借鉴了阿伦岑和斯蒂尔的报告和 SARRC 在其社区会议和焦点小组上收集的信息。为了征求更多关于他们设计思路的反馈，他们还举办了两个国家级设计专题讨论会，两个讨论会的参会人员中都包含成年自闭症患者。

在此过程中，雷斯尼克决定帮助自闭症年轻人掌握他们独立成长所需要的技能，所以她创办了"榜首过渡学院"（First Place Transition Academy），这是一个为期 2 年的项目，旨在帮助自闭症成年人为独立生活做好准备。该项目的学生将一同住在"榜首 – 凤凰城"公寓里，并在附近的一所社区大学上课，以帮助他们提高生活、社交和职业技能。

林赛·伊顿在 2016 年榜首过渡学院成立不久后了解到该学院的信息。被录取时，她非常高兴。那年秋天，她第一次搬出了父母的房子。（当时"榜首"公寓还没有准备好，所以伊顿和她的同学住在当地的另一处住宅楼，在那里，他们与十几位老人合住。）这是一个艰难的适应过程。伊顿发现很难适应新的时间安排，起初她感到焦虑和孤独，被同学和老师误解。但是几个月过去了，她越来越自信，还交了朋友。她学会了怎样洗衣服、逛杂货店和制定预算，还挑战自己去尝试新东西，比如做饭和乘坐当地的轻轨。她学会了如何为自己辩解以及在需要的时候寻求老师的帮助。

在伊顿从榜首过渡学院获得独立生活证书的第二天，我和她交谈过。她告诉我，她期待已久的未来终于开始到来了。她找到了一份喜欢的工作，在亚利桑那州学校董事会协会（Arizona School Boards Association）做文书工作。她有一个和她一样热爱足球和基督摇滚的男友。短短几个月后，她就成为第一批搬到"榜首 – 凤凰城"公寓的居民之一。

当雷斯尼克致力于让"榜首"公寓展现活力时，研究人员也在努力推动科学的发展，收集更多有关建筑环境如何影响自闭症患者的确切证据。希琳·卡纳克里（Shireen Kanakri）就是这些研究人员中的一位，她是印第安纳州曼西市（Muncie）波尔州立大学（Ball State University）室内设计助理教授。2012 年，卡纳克里还在读研究生时，她花时间观察了两所自闭症儿童学校的二、三年级学生。她发现[22]，随着教室里声音越来越大，学生们开始出现更多痛苦的迹象。他们摇晃、旋转、拍手，一遍又一遍地重复一些话语，打自己和别人，捂住耳朵。

当卡纳克里被波尔州立大学聘用时，她想建立一个实验室，以便对自闭症儿童应对感官刺激的方式进行更多控制测试。她用了 3 年时间、花费了 20 万美元，但在 2017 年秋天她才启动第一项研究[23]。11 月的一天，下着毛毛雨，我乘飞机到印第安纳州去看看情况如何。

实验室位于大学应用技术楼的 2 楼，看起来像儿科医生的候诊室，同样摆放着适合不同年龄段的来访者的家具。装饰大多是柔和的：灰褐色墙壁、以自然为主题的艺术品、泥土色调的家具；但也有明亮有趣的元素：装满玩具的塑料桶、塞满图画书的木架、一个橙色的大篮球枕、一块跳房子地毯。

测试室是一间隔音的小房间，位于实验室后部的一个角落。卡纳克里告诉我："这是一个更加受控的环境，所以我们可以测试我们想要的任何东西。"她可以通过在房间的墙壁上拉上红色、黄色、绿色、蓝色或者紫色的窗帘来改变房间的颜色。天花板上安装了荧光灯和 LED 灯泡，还有一组音箱。房间的一个角落里安装了摄像机、分贝计和测光仪。卡纳克里和她的同事可以通过一面单向镜观察测试室内发生的一切。

在第一项研究中，她收集了关于不同颜色、光线和声音如何影响自闭症儿童及神经正常的同龄人的数据。每次测试大约需要 3 个小时，在我拜访的那天，测试名单上有 2 个孩子的名字。卡纳克里整个上午都在观察，当她改变测试室内部环境时，她注意到一个神经正常男孩的反应，他是控制组的被试。他似乎没有被噪声所困扰，而当卡纳克里把 LED 灯切换成荧光灯时，他确实表现出了一些紧张的迹象。

短暂的午餐休息后，卡纳克里重新设置了实验室，为下午的测试做准备。在测试开始之前几分钟，一个身穿蓝色羊毛夹克的自闭症少年冲进实验室，径直朝玩具篮走去，他的父母跟在他身后几步之遥。他在玩具中挑来挑去，然后在实验室里来回踱步，嘴里重复着一句听不太清楚的话。（许多自闭症儿童都会出现这种重复的言语，被称为"模仿言语"（echolalia）。这个少年的名字叫亨利（Henry），热衷与人击掌，喜欢拼图，喜欢麦当劳的鸡块和 YouTube 视频网站。⊖

第一项挑战是给他连上线路。亨利需要在胸前绑上 1 个心率监

⊖ 孩子的名字和其他潜在的身份信息已经更改。

测器，并在他裸露的皮肤上贴 3 个黏性电极。当卡纳克里改变室内环境时，该设备会跟踪监测他的心率、呼吸频率和血压。虽然电极不会造成任何身体上的疼痛，但亨利像她测试过的很多孩子一样，包括那些没有自闭症的孩子，也不会为将其戴在身上的想法而感到兴奋。卡纳克里说："这是最难的部分。"亨利踱着步，摆弄着夹克上的拉链，自言自语。

然而她的母亲很专业。她拿出卡纳克里的一个白板画架，打开一支白板笔，写出了他们要做的事情："贴纸。"她写道。她把其中一片电极压在自己胸前，然后告诉亨利，该轮到他了。亨利试探性地把一片电极放在自己锁骨下面，就像他妈妈那样。然后他把另外两片也贴上。"做得好！"他的妈妈说道。"做得好！"亨利重复道。

他的妈妈转身回到白板处，说："我们要系上安全带。"然后写下"安全带"。她把心率监测器戴在自己身上，然后说："好了，该到亨利了！"于是，亨利毫无怨言地系上了安全带。"来击个掌！"妈妈说道，亨利照做了。

亨利和他的妈妈进入测试室，在那里，亨利开始玩拼图。卡纳克里关上了门，关掉了实验室里其他的灯。我们在单向镜前的一张桌子旁坐下，往灯光明亮的房间里看。一个大型桌面显示器播放着测试室的实时视频，旁边的笔记本电脑显示声音和光线的实时数据，以及亨利的生理数据。

首先测试的是声音。卡纳克里开始向测试室播放森林的声音，大部分是鸟鸣声。亨利在整理拼图时，一遍又一遍地对自己重复着一首童谣中的几句，但他看起来很平静，也很专注。他的心率很好，很低。卡纳克里说："他对这种声音感觉很好，他很高兴。"

计时器响起，鸟鸣声停止。休息 5 分钟后，就该开始新一轮声音测试——繁忙餐馆里的嘈杂声。亨利并没有明显被噪声弄得心烦意乱，但他的心率明显加快了。他重复的话语变得更加明显了。卡纳克里对这一明显的恶化情况感到惊讶。她说："房间里面并不是特别吵。"

最后一组声音是巨大的公路噪声，情况更糟糕。亨利的心率变得更高了。他拿起一桶积木，试图冲出测试室。他的母亲用新的拼图重新引导他，他开始平静下来。当把两块积木合在一起时，他问道："做得好吗？""做得好！"他的母亲安慰道。

在接下来的 2 个小时里，研究人员在各种不同的条件下进行测试：蓝色窗帘搭配 LED 灯，红色窗帘搭配荧光灯，再反过来搭配，如此，等等。卡纳克里不确定研究结束时会出现什么模式，她已经做好准备，结果可能不简单。如果很多孩子对噪声和荧光灯都很敏感，那也不足为奇，但要找到一种适合所有自闭症儿童或所有神经正常的儿童的理想的墙壁颜色，似乎是一种奢望。

即便如此，很明显，人们仍渴望她能提供任何经验上的见解。有许多的父母对让他们的孩子参与这项研究感兴趣，这使得卡纳克里将实验规模从 70 个孩子扩大到 400 个。她被邀请根据她的研究帮助设计几个自闭症儿童中心，一些家长已经根据孩子们对实验室彩色窗帘的反应，重新粉刷了孩子的房间[24]。卡纳克里告诉我："父母们会想尽一切办法让自己的孩子生活得更轻松。"

正确的设计决策对于有某种认知障碍或残疾的人来说是有帮助的，这一想法当然有先例。例如，已有大量证据表明，精心设计的建筑可以改善阿尔茨海默病患者的日常生活。阿尔茨海默病的一个特征就是丧失导航能力。为阿尔茨海默病患者提供住宅的炉石阿尔茨海默病护理中心（Hearthstone Alzheimer Care）的联合创始人兼总裁约翰·蔡塞尔（John Zeisel）说："当阿尔茨海默病患者找不到路时，由于环境令人困惑，他们会感到焦虑、沮丧、好斗。这些并不是真正的疾病症状，只是处于错误环境中的症状而已。"

养老院可以通过确保居住单元相对较小，以及居民穿过建筑时可以明显看到厨房、餐厅和活动室等公共区域等方式帮助这些居民保持方向感，还可以通过最大程度减少走廊交叉、出口和方向改变以及改变单调重复的设计元素（如有数十个相同的门的长廊）等方式方便居民认路[25]。

其他研究表明[26]，只要我们在设计老年人住宅时更加深思熟虑就可以改善社交互动和参与度。为老年人提供能够让大家都健康快乐的设计元素，包括充足的日光、隔音空间、像家一样的室内布置以及足够的私密性，就能够减少抑郁、躁动、焦虑、攻击性和精神疾病症状，甚至能够减缓痴呆症患者的认知下降。蔡塞尔说："许多所谓的阿尔茨海默病的症状都是环境因素导致的，这些环境因素没有很好地满足患者的需求。"

2018 年 4 月底，"榜首—凤凰城"公寓的建造接近完工，我乘飞机到亚利桑那州参加了一个戴安全帽参观这栋建筑的活动。雷斯尼克穿着一件无袖的蓝色连衣裙来到建筑工地。她脱下裸色高跟鞋，换上一双黑色运动鞋。当我伸出手想自我介绍时，她把我拉了过来，给了我一个拥抱。一同参观的有十几个人，我们跟着雷斯尼克，穿着霓虹黄色的建筑背心，戴着安全帽。她带我们进入正在施工的大堂。大堂闻起来有油漆和灰泥的味道，电线从天花板上垂下来。她宣布："你们现在正站在梦中。"

这个"梦"是一栋 4 层高 [27]、7 500 平方米的房产，共有 55 套公寓。第一层将设置员工办公室和几间 4 居室的套房，供榜首过渡学院的学生居住，楼上几层包含 1 居室和 2 居室的公寓，可以一次租用一年。1 套面积约为 750 平方英尺的 1 居室公寓起价为每月 3 800 美元。雷斯尼克承认租金很高，但是租金里包含了所有的公用设施和各种支持服务的费用："榜首"公寓的支持专家全天候为居民提供他们所需的一切帮助，无论是学习如何管理药物还是职业和健康指导。（某些居民可能有资格获得额外的政府资助服务，如职业治疗、送餐、运输或协助洗澡和穿衣等居家辅助。）

我们快速参观了一楼，里面有几乎所有公寓居民都会垂涎的各种设施。雷斯尼克告诉我们："你不会感觉到或听到这里有任何机构性的东西。这里的生活和其他住宅一样。"一个带游泳池的室外庭院、一个烧烤区、一个社区花园和一个将定期举办烹饪班的大型教学厨房。大堂旁边是一间多功能活动室，用来举办聚会和活动，居民咨询委员会将发挥带头作用。雷斯尼克说："想想这里的晚上和周末吧，居民咨询委员会已经计划在这里举办卡拉 OK 之夜，也有可能是才艺展示，或宾果游戏，或舞会。"

然后我们上楼去看公寓间。当我们爬上完工一半的楼梯时，雷斯尼克建议我们往窗外看，可以看到这座城市的景色。她说："看看外面，但要注意你所在的地方，要意识到住在这里的人也是社区的一部分。我们已经融入了这个社区。"该建筑距离轻轨线和公交站只有几步远，杂货店、药店、博物馆、剧院、图书馆、基督教青年会和保龄球馆也都在附近。这就是这个地点吸引她的一部分原因，雷斯尼克希望居民们周围都是他们可以工作、做志愿者和社交的地方，她希望他们能够在社区里度过每一天。她告诉我们，几个月后，"榜首—凤凰城"公寓将举办一个开放参观日，邀请当地居民来访并认识他们的新邻居。

我们聚集在楼梯顶上的一个大平台上。在我们右边的玻璃门后边，有一间昏暗的房间。雷斯尼克解释说，每层楼的同一位置都有一个特殊的活动室。这一间将来会成为健身房，三楼位于我们正上方的那间是游戏室，里面有电子游戏和传统游戏，四楼的同一位置将会设置禅修室。

该项目的首席建筑师迈克·达菲（Mike Duffy）也加入了进来，他系着领结、穿着工作服。他告诉我们："让'榜首'公寓脱颖而出的一个原因就是对公共空间的追求。"除了健身房、游戏室和禅修室，每层楼还有 4 个形状和大小各异的休闲空间。在人群中感到不舒服的居民可以和朋友在较小的"口袋"休息室里玩拼字游戏。

雷斯尼克带我们穿过大厅，走进其中一套一居室公寓。那里有一间开放式厨房，配有木制橱柜、宽敞的食品储藏室和白色的大台面。（厨房的台面特意做得超大，这样住户就可以和朋友一起做饭了。）客厅里有几扇巨大的窗户，被亚利桑那州炽热的阳光照得通明。浴室宽敞明亮，有一个玻璃纤维浴缸和玻璃淋浴拉门。

很多重要的设计决策都是看不见的——每层楼之间都有 3.8 厘米厚的石膏混凝土层，有助于减弱脚步声。墙壁上有声学通道，可以进一步消音。所有灯泡都是 LED 灯。

还有一些不太传统的设计。例如，在淋浴间，管道工人把控制水和温度的旋钮安装在淋浴喷头对面的墙上，而不是直接安在它下面。达菲解释说："这让人在打开控水开关时不必躲避或穿过水流，如果水太热，还可以有个缓冲的机会。"

每套公寓的入口都是稍稍向内凹的，离大厅几米远，这样的设计使住户可以更加温和地从私人空间过渡到建筑里的公共空间。达菲说："所以，你不会刚走出前门就进入到人群流动的主要通道。"

此外，还有一些有助于保障住户安全的技术铃和口哨。炉子和烤箱都连接着运动传感器，如果长时间监测不到厨房里有任何动静，它们就会自动关闭。一旦发生这种情况，警报器就会告知工作人员，工作人员可以与每一位长期健忘的住户一起研究记得关掉烤箱的行动计划。（如果居民在烤鸡、烤馅饼或做其他需要长时间烹饪的东西时，可以手动撤销该系统。）

设计团队故意避免使用更具侵入性的监测技术，并选择不嵌入最新的智能家居设备，像可编程的灯和百叶窗，部分原因是他们希望住户能够学会自己管理空间。雷斯尼克说："我们绝不希望榜首公寓成为这里的居民唯一可以住的地方。"

"榜首—凤凰城"公寓的吸引力显而易见。这是一栋诱人的建筑，位于繁华的市中心，设施一流。这是我想要居住的地方，而这正是关键。达菲说："我的一大收获是，为自闭症患者群体设计的住宅，与为其他任何人设计的并没有太大不同。对自闭症患者来说，与其他优秀设计相似的设计才是优秀的。"自闭症患者可能对他们所处的环境特别敏感，但是降低噪声、避开闪烁的灯光、平衡私密性和开放性、提供各种不同的空间供居住者选择、尊重个人的特定需求，这些设计决策是任何人都会喜欢的。

马里兰大学（University of Maryland）建筑规划与保护学院的建筑师兼教授马德伦·西蒙（Madlen Simon）说："通用设计的宗旨之一是，如果我们的设计能够适合那些我们可能认为'极端'不同的人，那么也能使那些所谓的'典型正常人'受益。自闭症患者向我们强调了这一点，因为他们不能像正常人那样忍受一些糟糕的设计。"

了解更多有关残障人士对环境的感知和应对的信息，以及如何创建能够赋予残障人士能力和力量的建筑，最终将有助于我们创建对所有人都更好的空间。典型的例子就是连接人行道与街道的斜坡，最初是为了帮助使用轮椅的人出入人行道的。但最终让推婴儿车或手推车、骑自行车或踏板车的人也更方便了。雷斯尼克告诉我："榜首公寓的设计目标和原则是与之相似的。我们现在关注的是神经学上的人行道斜坡。"⊖

"榜首—凤凰城"公寓确实也存在局限性。最明显的就是成本问题。一个月 3 800 美元租金的公寓对于很多人来说都是遥不可及的。过渡学院的学生可以申请州政府资金来支付学费，其中包括了公寓租金，而且"榜首"公寓也设立了奖学金帮助有需要的学生。雷斯尼克说："我们正竭尽全力帮助那些因负担不起费用无法来这里上学的家庭。"但是目前，该建筑里的其他住户必须自掏腰包支付租金。（雷斯尼克说，大多数人都从家里获得了可观的经济支持。）

雷斯尼克说，住户必须有能力遵守基本规则，能自己吃饭和穿

⊖　在 2015 年的一项研究中[28]，南加州大学和洛杉矶儿童医院的研究人员创建了一个"感官适应"牙科诊所，旨在缓解自闭症儿童的痛苦。他们把头顶的灯光调暗、播放令人放松的音乐、把平静的图像投射到天花板上。这些改变对自闭症儿童和其他正常的同龄人都具有舒缓作用，减轻了他们的焦虑、疼痛和不适感。

衣服，能以某种方式进行交流，但该住宅不太可能适合那些需要广泛医疗支持或有暴力行为或自残行为的人。她承认，这些标准总是会将一些成年自闭症患者排除在外。但是雷斯尼克告诉我，她曾花数年时间想弄清楚如何创建一栋可以为所有人服务的建筑。最后，她意识到这是不可能的。她说："这就是'榜首'的创建历程。经过一段时间的盘旋并试图创建一栋对所有人都通用的建筑之后，我们抬头向外看了看，做出了艰难的决定，我们觉得可以在这里实现我们的目标。"她对他们取得的成就感到骄傲。她说："我们试着创造了一个最大的帐篷。"

事实上，公寓并没有要求住户必须是自闭症患者。在参观过程中，雷斯尼克告诉我们，她希望吸引各种各样的残障人士，而且这栋楼的第一批租户中就有一个男性脑外伤患者。一些患有唐氏综合征的成年人也表示感兴趣，但还没有人报名。雷斯尼克说："我们是在推广和颂扬神经多样性。"

"榜首—凤凰城"公寓是为成年自闭症患者提供新的住房选择潮流的一部分。还有位于加利福尼亚州索诺马县（Sonoma）的甜水光谱（Sweetwater Spectrum）住宅项目在 2013 年也迎来了第一批住户。其园区占地 1.13 公顷，包含几处共享住宅和许多设施，比如热水浴缸和有机农场。2016 年，经济适用房开发项目戴夫莱特公寓（Dave Wright Apartments）在宾夕法尼亚州的海德尔堡（Heidelberg）开放。这栋公寓共有 42 套房，其中一半住的都是成年自闭症患者，另一半住的是中低收入的非自闭症成年人⊖。同年，

⊖ 这两处房产的开发商借鉴了阿伦岑和斯蒂尔的自闭症设计指南，阿伦岑和斯蒂尔最终将其写成了一本书，名为《自闭症患者在家》(*At Home With Autism*)。

佛罗里达州的天穹杰克逊维尔村（Arc Jacksonville Village），一个占地 12.95 公顷、专门为有智力障碍和发育障碍的成年人设计的封闭式社区，也举行了剪彩仪式。

尽管这些项目在吸引租户方面毫无困难，但这类规划社区也引发了争议。比如，自闭症自我倡导网络（ASAN）就反对以安置残疾人为主要目标的住宅项目[29]。ASAN 说，这些项目是一种隔离措施，将残疾人从社区中分离出来，而不是让他们融入社区。此外，克兰告诉我，他们根本没有很好地利用资源。她解释说："你没有把保障性住房资金用来在全市范围内建造成年自闭症患者可以使用的住房，而只是找到了这样一个地方。"如果患者想住在城市的另一边，就没那么幸运了。

此外，克兰指出，许多专为残疾人设计的住宅项目对住户施加了不当的限制，并可能完全将不符合一系列狭窄标准的人排除在外。克兰告诉我："许多规划好的社区会说它们只对那些相对独立的人开放。这让我们非常担心。如果你有自闭症并需要得到大力支持，或者你患有其他残疾，比如得坐轮椅，或者不能独立穿衣服和洗澡，这些将成为不让你入住的借口。"

鉴于这些担忧，ASAN 倡导"分散居住"（Scattered-site housing），即成年自闭症患者可以选择分布在城市各处的住房，与没有残疾的人居住在同一栋建筑或同一个社区里[30]。克兰说，增加保障性住房的总体供应，扩大低收入残障人士获得住房券的渠道，也是有帮助的。她告诉我："很多人面临的主要障碍最终只是保障性住房存量的问题。"（一个意外的收获是，增加保障性住房对每个人都有好处，无论他们是否在这个谱系内。）

克兰还建议残疾人权利倡导者与房地产经纪、房东、政府官员和规划者接触，以确保更多的建筑能够满足成年自闭症患者的需求。她说："城市规划者已经在考虑保障性住房的重要性，但是他们不一定会确保保障性住房具备无障碍设施。"

最终，随着自闭症友好型设计领域的发展，设计师在规划过程中将自闭症患者考虑在内绝对是必不可少的。这听起来似乎很简单，但设计团队往往要向家长、看护人、老师、护士和治疗师咨询，而不是向自闭症患者本人咨询。克兰说："这意味着团队所设计的很多功能更多的是为服务提供者而不是服务接受者设计的。你知道的，方便监控的大型开放空间、容易清洁的表面等。"她又补充说："向自闭症患者咨询应该是'第一要务'。让自闭症患者参与进来，其他事情都会水到渠成。"

像"榜首—凤凰城"这样的住宅项目并不是最好的。丹尼丝·雷斯尼克也不希望它是最好的。相反，她认为这是为成年自闭症患者扩大选择范围的一步，对于一向没有多少选择的他们来讲是一个新的选择。

林赛·伊顿对要搬进"榜首—凤凰城"公寓感到非常兴奋，她爸爸开玩笑说要在那里露营过夜，这样她就能成为第一位住客了[31]。最后，他们在 2018 年 7 月 2 日出现在"榜首–凤凰城"，正是大楼开放的当天。第一周，大约有 30 位住户拖着床垫、填充动物玩具和大塑料收纳箱搬进了这栋楼，伊顿就是其中之一，和新邻居们一起参加欢迎烧烤、早午餐和泳池派对。伊顿选择了 2 楼的一套一居室公寓，可欣赏城市 270 度全景，进入一个大型休息区也很方便。她把学校董事会协会同事的照片放在卧室的显眼位置。

起初，伊顿和她的父母对"榜首"公寓与过渡学院之间的差异并没有做好充分的准备。在学院里，她有固定的日程安排，并受到工作人员的严密监督。而在公寓里，伊顿更加自给自足。在她需要的时候，支持人员随时待命，当然她要做的就是打个电话或者走下楼。但是他们不会每天都来查看她的情况，去确定她的公寓是否干净或者她是否按时上班。

当然，这就是重点，但是这一过渡一直是很困难的。伊顿搬进去几个月后的那个秋天，在和我交谈时，她告诉我："这正是我梦寐以求的生活，但也存在问题。"她惊讶地发现她很想念像在过渡学院那样拥有室友的日子。她之前从未一个人住过，也不确定自己是否会喜欢。她开玩笑说："我竟然会突然之间在自己的一居室公寓里自言自语。"

她正在适应新的独立生活并开始建立社交生活。她加入了居民咨询委员会（该委员会已经更名为居民参与委员会（Council of Resident Engagement））并帮助策划万圣节派对和感恩节百乐餐。她已经开始使用一款应用程序记录自己的开支，并为自己能很好地遵循预算而感到自豪，等她有多余的零花钱时，她要给自己的苹果手表换一条新的腕带。伊顿告诉我："我觉得很乐观。"她的父母也认同。道格·伊顿说："我们觉得她现在生活的地方再好不过了。我们每天都很感激这一切的存在。"

其他住户也在寻找自己的出路。在搬到"榜首—凤凰城"公寓之前，患有自闭症和视力障碍的劳伦·海默丁格（Lauren Heimerdinger）一直担心自己无法独立生活。搬家前几个月她告诉我："我非常紧张，害怕得要死。我和父母同住了 32 年——我只知道这些。"[32]

最后，过渡期比她想象的要顺利得多。她必须对自己的公寓进行一些改造，包括在微波炉的按钮上添加盲文贴纸，但是她很享受自己的独立，也很喜欢这栋建筑里正在形成的社区。她告诉我："我现在是社交达人，所以我喜欢被人群围绕。"她开始和另一位住户约会，周日晚上在这栋楼里的禅修室主持冥想课程。"我很自豪我已经走到了这一步。"她说道。

不过，海默丁格并不想永远留在"榜首—凤凰城"公寓。她希望在这里度过一两年，然后去更大的社区找个更实惠的房子。她说："有工作人员在这里帮你很好，但是我不想必须得确保和他们联系才行。"⊖

公寓开放几个月后，我打电话给雷斯尼克，她对事情的进展感到很满意。她的儿子马特现在 20 多岁，正开始向"榜首—凤凰城"公寓过渡[33]。他们正在慢慢来。马特开了一家意式脆饼公司来筹集生活费，他还在学习一些独立生活所需的技能。（雷斯尼克告诉我，马特不具备上过渡学院所需的语言技能。）一开始，他每周在新公寓住 2 个晚上，雷斯尼克希望这个数字会逐渐增加。马特开始熟悉这栋楼，学习日常生活、做瑜伽以及和新邻居一起玩 Uno 纸牌。雷斯尼克告诉我："这令人兴奋、高兴，但同时也会产生焦虑。"但她说，她和马特开始克服他们的恐惧。

雷斯尼克正与亚利桑那州立大学的研究人员合作，追踪住户的

⊖ 在我第一次与海默丁格交谈后的几个月，她的父亲成了"榜首"公寓的临时首席财务官。父母和家人加入该组织并不罕见。2018 年春季，当林赛·伊顿准备从榜首过渡学院毕业时，她的父亲成了榜首公寓董事会的成员。他告诉我："我加入是因为我需要看到'榜首'取得成功。"

生活状况：他们对自己生活质量评价如何？他们是否习得了生活技能？他们中有多少人在社区工作或做志愿者？雷斯尼克希望，如果她能提供确凿的证据证明"榜首—凤凰城"公寓比其他一些地方更适合年轻人，那么政府或许会提供公共资金支持，这样就可以降低住户的租金。从长远来看，她想要创建一系列"榜首"住宅。美国和加拿大的几十座城市的组织和开发商已经表示感兴趣[34]。雷斯尼克说："需求比以往任何时候都大。这将帮助我们所有人创建更多地方和空间，使神经多样性得以蓬勃发展。"

每个人都值得拥有一个安全有利的住所。如果我们真的想要建立一个更加公平、包容的社会，那意味着不仅要将优秀设计的原则扩展到具备不同能力的人，还要扩展到身处各种条件和环境中的人。无论他们犯了什么错误。

第 6 章

越狱者

回想起来，或许他们应该在偷车之前检查一下燃油表。1993年，13岁的安东尼·戴维斯（Anthony Davis）和几个朋友从纽约市街头偷走了一辆灰色本田思域轿车（Honda Civic）。他们没打算留着它，只是想去兜兜风。而他们也正是这么做的，在布朗克斯（Bronx）超速行驶，直到车没了油。当他们企图再偷一辆的时候，警察来了。

戴维斯有个动荡的童年，他将其描述为"一场活着的噩梦"（a living nightmare）[1]。他的父亲不在身边，母亲虐待他，经常用卷发棒烫他。9岁的时候，他被送去和另一个亲戚一起住，结果这个亲戚对他的惩罚更严厉。戴维斯和他的2个姐妹最终都被分开寄养。戴维斯辗转于不同的寄养家庭，结识了一群上了年纪的人，他们将戴维斯介绍给了他口中所称的毒品和犯罪的"黑社会"。没过多久，戴维斯偷汽车被当场抓住。

那是他第一次被捕，但不是最后一次。3年后，他因贩毒被捕，在位于东河（East River）中部的莱克斯岛（Rikers Island）待了8个月，那里聚集了纽约市庞大的监狱建筑群。当时，他的女朋友怀孕了，他的第一个孩子是个女孩儿，出生于他被释放的第二天。6周后，他的母亲死于一种与血液疾病有关的并发症。他在给我的一封信中写道："这改变了我。在那一刻，一个16岁的孩子在1个多月的时间里从一个男孩儿变成了一个没有母亲的父亲。"

他从监狱里几进几出，直到2002年，他遇到了一个老邻居。戴维斯告诉我，几年前，这名男子曾性侵过他的姐姐[2]。戴维斯说："他的出现让我很困扰。这真的很难解释，因为我不想把自己描绘成一个坏人。但这就是我的生活方式。"一波未平一波又起。"我们发生了争吵，他说了一些话，我也说了一些话。然后我说'我会回来的'，之后我离开又返回，最后我开枪打了那家伙。"那是致命的一枪。戴维斯在他女朋友家里避难。当他第二天早上回到家准备拿些衣服逃离该州时，警察已经在那里了。他对过失杀人表示认罪，被判处 22 年监禁。

入狱后不久，他犯了一个大错：试图阻止一场斗殴，跳到两个正在打架的人中间。之后，他们 3 人都受到了惩罚，戴维斯被判处 90 天单独监禁[3]。

在这 3 个月里，他每天在 9.7 平方米的牢房里待 22 小时。混凝土墙壁被涂成了纯白色。其他所有东西——马桶、水槽、床、桌子和架子都是金属做的。牢房里有淋浴间，这就意味着戴维斯和许多被单独关押的人不同，他甚至不用离开牢房去洗澡，或去吃饭。他所有的饭菜都被装在一个金属盘子里送过来。他被允许在牢房后的一个室外小笼子里单独待上 1 个小时，每天一次。

戴维斯当时年轻气盛，被关进囚犯们通常所说的"盒子"里并没有让他太烦恼。他最近告诉我："大多数被关进'盒子'里的人都不明白他们将面临什么。"[⊖]这是他第一次去禁闭室，当时，他无从知晓自己接下来的 16 年里将有 7 年是在这个盒子里度过的，也不知道这将给他带来多大的改变。

我开始写信给戴维斯，因为我想了解更多关于建筑环境如何影响心理健康的信息，而监狱提供了一个可怕的示例，说明错误的环境能给人造成多大的伤害。大多数现代美国监狱都被故意设置成环

⊖ 单独监禁有时也被称为"hole"（洞），行政隔离（AdSeg）或 SHU（英文发音同"shoe"（鞋），是 Special Housing Unit（特殊住房单元）或 Security Housing Unit（安全住房单元）的缩写）。

境恶劣的地方。监狱的设计目的就是惩罚——限制和控制、羞辱和并让人感到羞耻、支配并使其丧失人性。监狱是储藏人类的仓库，将人们与所爱的人分离并将其与陌生人混在一起。这里都是严酷而紧张的氛围，囚犯几乎没有隐私、行动自由或控制权，而且都是包罗万象的，人们简直是俘虏者。

这些条件会对囚犯造成严重伤害，这并不奇怪，他们很多人都有创伤、成瘾和精神疾病的历史。美国拘留所和监狱里患有严重精神疾病的人比在精神病院和医院病房的还多[4]。很多人出狱后的状况比刚入狱时还要糟糕。

对监狱可能造成的心理伤害的科学化理解日益加深，引发了改革的呼声。一些建筑师正试图创建更人性化的惩教设施，将监狱、拘留所和感化中心设计成改过自新的场所而不是惩罚场所。[○]当然，这说起来容易做起来难，而且创建人性化监狱的运动不仅揭示了循证设计（evidence-based design）的局限性，也揭示了其前景。重新设计监狱并不能解决把太多人关押太久的刑事司法系统的一些最根本问题，但这对于我们来讲是一个可以重新思考如何对待深陷其中的人的机会。建筑让我们有机会表达我们的价值观、决定我们想要成为什么样的社会，而人性化设计的理念远远超出了监狱的围墙。监狱、医院、学校，甚至整座城市的设计者都在不断地思考着同样的问题：为人类尊严而设计是什么意思？

虽然在今天的美国，监禁是一个真正的产业，有超过 200 万

○ 一般来说，拘留所关押的是等待审判的人，而监狱关押的是已经被定罪和判刑的人。当我说到人性化的监狱设计时，我指的是改革和重新设计各种惩教设施，而不仅仅是监狱。

成年人在监狱里服刑[5]，但它仍是一种相对较新的惩罚形式。[⊖]在历史上大部分时间里，被指控的罪犯会被拘留至他们的真正判决生效——鞭打、流放、苦役或处决[6]。因此，监禁是临时的，被指控的罪犯被安置在随便一个有空余位置的地方。（在中世纪的欧洲，这种情况下，通常是关在城堡的地牢里。）

专门的拘留设施在 16 ～ 18 世纪激增。很多这样的拘留所和监狱只是大型的收容围栏，把所有人都关在大的公共牢房里。暴力事件随处可见，囚犯的福利几乎不受关注，有些人甚至死于饥饿。最重要的事情只是防止囚犯逃跑。设计师们主要通过使用坚固的物理屏障来满足这一要求：厚石墙、厚重的门、坚固的金属栏杆。这些空间不卫生，很少能接触到阳光和新鲜空气，故意设计得有压迫感。正如一位 18 世纪的建筑师所解释的那样，惩教设施应该"低矮又庞大，那些受到羞辱和压迫的囚犯不断在其他被关在那里的罪犯面前示众，让他们看到等待自己的惩罚，忏悔他们过去的放荡生活"。[8]

然而随着时间的推移，改革家们对监狱内部条件感到震惊，认为肉体惩罚和死刑是不人道的，他们开始鼓动变革。他们认为，拘留本身可以作为一种惩罚方式，罪犯可以在监禁期间被改造。在宾夕法尼亚州，贵格会信徒（Quakers）开始相信，囚犯可以通过极端隔绝的方式被改造。他们认为，独处会促进囚犯反思、忏悔和成长。1829 年在费城设立的东部州立监狱（Eastern State Penitentiary）[9]，他们决定通过建筑来实行极端隔绝。[⊜]

⊖　根据 2015 年的一份报告，全球有 1 000 多万人被关押在监狱[7]。自 2004 年以来，该数据增长了 10%。

⊜　这座监狱建筑至今仍在，1971 年之前一直在使用，现在已经成为一个很受欢迎的旅游景点。

在某些方面，实行极端隔绝的囚室可以被认为是一流的。每个人都有自己的私人牢房，私人牢房通往独立的封闭式户外休闲庭院，配有自来水和抽水马桶，这在当时，是连白宫都没有实现的创新。但这些特色只会加强囚犯们的孤立感。他们从来不去公共厕所或食堂，从不在户外与其他囚犯混在一起。在极少数情况下，他们会离开自己的牢房，但要戴上头套，以防止他们哪怕是瞥一眼其他囚犯。沉默是严格执行的，囚犯禁止唱歌或吹口哨，警卫们会把袜子套在鞋外面，以便在巡逻时减轻脚步声。

与其他许多监狱不同，东部州立监狱是和平而有序的，而这种被称为"宾夕法尼亚模式"的监狱很快在西欧被采用。但很快就发现，极端的隔绝有害于身心健康。医生和监狱检查员报告称，在这些设施中，囚犯们哭喊、颤抖、出现幻觉；他们变得易怒、焦虑不安、狂躁。弗朗西斯·C·格雷（Francis C. Gray）在 1847 年题为《美国监狱纪律》[10]（Prison Discipline in America）的报告中写道："这里所建立的这种持续的隔离，即使是用最人道的手段来实施，也会导致很多精神错乱和死亡的案例，这似乎清楚地表明，这种制度的总体趋势是使人的身体和精神衰弱。"到 19 世纪末期，单独监禁在很大程度上已经不受欢迎了。

虽然宾夕法尼亚模式诞生于美国，但在美国从未像在其他国家那样受欢迎。相反，当欧洲国家忙于复制东部州立监狱的模式时，在美国的许多地方却在实施另一种模式，这种模式由纽约的奥本州立监狱（Auburn State Prison）开发[11]。奥本监狱于 19 世纪初开始投入使用，其官员们开始相信改造囚犯的最好方法不是单独监禁，而是严格的纪律和体力劳动。虽然奥本监狱的囚犯住在单间，但他们在公共的餐厅吃饭，白天一起在监狱的作坊里劳动，在那里制作家具、衣服、鞋子、纽扣、钉子、滚筒、梳子、扫帚、水桶和其他产品。（在 19 世纪中期的一段短暂的时间里，监狱官员甚至引进了桑树和蚕茧，让囚犯们学习纺丝。）奥本监狱的规定非常严格，男囚都剪了平头，穿着配套的黑白条纹囚服，在楼里走动时必须低着头，步调一致。

奥本监狱的官员认为，囚犯在这种制度下比在单独监禁时过得更好，但是该模式的真正吸引力在于经济方面，如果建筑师不必给每个囚犯配备单独的宽敞牢房和庭院，他们就可以建造更高、更紧凑的监狱，牢房彼此叠放。此外，各州还可以通过出售囚犯生产的产品从他们的劳动中获利。经济优势使奥本体系让许多政府官员无法抗拒。

然而，随着美国国内监狱人数的增加，奥本监狱模式的局限性也明显起来。监狱在每个囚室关押多人，使得维持严格的秩序变得更加困难。在所有改革者的努力下，拘留设施变得混乱、暴力、拥挤，就像早期的拘留室一样。在 20 世纪末期，单独监禁戏剧性地卷土重来。

1983 年 10 月 22 日上午，在伊利诺伊州马里恩市（Marion）的美国监狱（United States Penitentiary），3 名狱警正押送托马斯·西尔弗斯坦（Thomas Silverstein）洗完澡回来。突然，西尔弗斯坦停下来，把手伸进另一间牢房。几个快速动作后，该牢房的囚犯帮助西尔弗斯坦挣脱手铐并给了他一把自制的手柄。西尔弗斯坦袭击了其中一名狱警并刺死了他。几个小时后，犯人克莱顿·方丹（Clayton Fountain）也成功进行了同样的操作：联系一个同伙，递给他一把手柄，帮他挣脱手铐，之后刺死了另一名狱警 [12]。

当时，马里恩监狱是美国最危险罪犯的指定关押地 [13]。西尔弗斯坦和方丹，以及其他被认为特别危险的人，被关押在监狱里的"控制间"（control unit），只有在戴上镣铐并由多名狱警押送的情况下，才允许他们离开狭小的单间牢房。这里被认为是美国最安全的监狱里最安全的牢房。然而，就在 1 天之内，2 名狱警被残忍杀害。

几天后，当 1 名囚犯被杀害后，马里恩市将所有囚犯，甚至那些还没有被分配到高安全级别的控制间的囚犯，都封锁起来，限制他们每天在各自的囚室里待 23 个小时 [14]。家人探监被大幅削减，法律图书馆关闭，宗教活动暂停，监狱牧师隔着囚室的铁栏为囚犯举行圣餐仪式。

然而确保监狱安全之后，封锁仍未解除。相反，还持续了几周，然后几个月，然后是几年。一开始的临时紧急状态变成了一种永久的生活方式，并经过一系列的设计变动而成为正式的形式。监狱管理部门把囚犯的床改成了混凝土板，还重新装修了探监室，安装了有机玻璃隔间，防止囚犯与他们的亲人有身体接触。把鱼池和花园推平，将大型娱乐场分成了更小的笼子空间。

这个最终持续了 23 年的新管理体制是残酷和不人道的，但它确实建立了秩序。囚犯暴力事件的比例下降了，当一个监狱改革小组在 1985 年秋天访问马里恩监狱时，其检查员承认，"一种令人不安的平静笼罩着整个监狱" [15]。对于很多狱警来说，马里恩监狱已经成为一个榜样，一种将美国混乱的监狱置于控制之下的方法。

马里恩监狱开始封锁时，美国的惩教系统正处于危机之中。监狱人口激增，监狱帮派势力不断壮大，袭击犯人和工作人员的事件也在增加。面对这种混乱局面，马里恩监狱兴起的严格隔离和控制体系似乎正像医嘱一样。超大建筑热潮开始了。从 20 世纪 80 年代末到 90 年代，数十座高度戒备的监狱如雨后春笋般出现在美国各地，这些监狱将因犯关押在单独的牢房里，每天将近 24 小时 16。即使是戒备级别低的监狱也增设了高度戒备的隔离牢房，有时候被称为"牢中牢"（prisons within prisons）。单独监禁成为美国刑罚体系的一个普遍特征 17，以某种形式被单独监禁的囚犯数量暴增。⊖

虽然没有对单独监禁囚犯人数的官方统计，但专家估计 18，美国惩教系统在任何特定时间都有多达 10 万人被单独监禁。有些囚犯被单独关押是为了保护他们的安全，比如，因为他们被其他囚犯袭击的可能性很高，而有些人因为违反监狱规定而被判罚临时单独监禁。那些被认为特别危险、难以控制或逃跑风险高的囚犯可能要被单独监禁数年，甚至数十年。（在谋杀了马里恩监狱的狱警之后，西尔弗斯坦几乎在接下来的 36 年里都被单独关押，直至 2019 年去世。20）

安东尼·戴维斯因为试图阻止一场斗殴而第一次被单独监禁，他告诉我，单独囚室里的生活令人震惊 21。他感到愤怒，想要反抗，在接下来的几年里，他不断与狱警发生冲突，被关进过纽约各地监狱的隔离牢房里。在他给我写的许多封信和打给我的许多次电话里，戴维斯都是热情而迷人的——他告诉我他在监狱的院子里救了一只受伤的小鸟；当听到我打喷嚏时，他就和我分享他在家服

⊖ 尽管美国在单独监禁方面的臭名昭著全球领先，但这种做法在世界各地都有使用，从爱尔兰到伊朗等。在斯堪的纳维亚半岛（Scandinavia）这个经常因人性化的监狱而受到赞扬的地方，在押人员在候审期间通常被单独关押。2016 年，《卫报》报道称，一些欧洲国家越来越多地使用单独监禁来关押被指控或判定犯有恐怖主义相关罪行的囚犯。19

用什么感冒药；当他听说自己刚刚做了爷爷时，他兴奋地给我打电话。

然而，当我们谈到单独监禁时，他就变得悲伤起来。他告诉我，监狱里住的都是些硬汉和自负的人，但他不会因为放不下自尊而不敢承认单独监禁对他的影响。每次回到单独监禁室，他都会更加崩溃。在禁闭室，他只被允许携带少量的私人物品，通常只是几封信、几张照片和几本书，他想通过阅读和写作来打发时间，［在一次被单独监禁时，他写了 1 本小说，那是他想象中的三部曲中的第一部。他告诉我："这是关于纽约市的 3 个女人的故事。就像《欲望都市》(*Sex in the City*) 那种类型的。"］但是无聊和孤独让人崩溃。他用整洁的小字在一封信中写道："有时，我的思想和我的身体一样停滞不前。"

随着时间的流逝，戴维斯的思想也变得越来越阴暗。他解释说："当你的生活被限定在一个小房间里时，你的大脑就会变得杂乱无章。"他变得妄想和偏执。他说服自己相信，从狱警到他所爱的人，每个人都在捉弄他。他会因为一点小事而勃然大怒。他变得咄咄逼人，与人对抗、尖叫、咒骂、哭泣，用力捶墙，手都擦伤了。他觉得自己在和自己交战。他写道："我感觉自己像一只被关在笼子里的动物。我的疯狂和愤怒好像每时每刻都想从我的皮肤里爆发出来。"

戴维斯的经历是很典型的。研究监禁和隔离产生的影响的心理学家克雷格·黑尼 (Craig Haney) 在加利福尼亚州的鹈鹕湾监狱 (Pelican Bay State Prison) 随机抽取了 100 位被单独监禁的男性囚犯进行采访，他发现 88% 的人报告说自己经历了"非理性的愤怒" [22]。80% 以上的人报告有焦虑、侵入性的想法、对刺激过度敏感、困惑、不合群等症状，而大约四分之三的人报告称带有情绪波动、抑郁以及普遍的"情感淡漠"。70% 的人"感到自己处于情绪崩溃的边缘"。这些人还报告了一系列身体症状，包括头痛、心悸、手出汗、失眠、做噩梦、食欲不振，这些症状通常伴随心理压力和创伤。相当比例的囚犯表现出更严重的精神病理学症状：超过40% 的人出现幻觉或感知扭曲。加利福尼亚州大学圣克鲁兹分校（University of California, Santa Cruz）的心理学教授黑尼写道："几乎没有哪种监禁形式能造成如此多的心理创伤，并表现出如此多的精神病理学症状。"

要证明单独监禁导致以上所有症状是很难的，而且由于患有精神疾病的囚犯被单独监禁的比例高得离谱，使得研究工作也变得复杂起来。但是有大量间接证据表明：即使是初次被单独监禁时处于健康状态的囚犯也会出现这种症状，他们被单独监禁的时间越长，症状往往变得越严重，而单独监禁结束后，症状往往会减轻 [23]。"这种环境本身就是对人类有害的。"特里·库珀斯（Terry Kupers）说道。他是加州的一位精神病学家，曾在美国监狱条件的集体诉讼中担任专家证人。在 2014 年对纽约市监狱的一项研究中，研究人员发现 [24]，被单独监禁的囚犯自残的概率几乎是从未被单独监禁的囚犯的近 7 倍，即使是在囚犯已有的严重精神疾病得到控制之后。

对于戴维斯而言，2013 年夏天是最糟糕的。在与狱警产生又一次的冲突之后，他被判处单独监禁 3 年，后来减至 2 年。他被转移到一所戒备森严的监狱，离他的家人只有几个小时的路程，孤独感淹没了他。这个特殊的牢房中有些方面让他感到特别压抑。戴维斯告诉我："墙壁是纯米黄色的，让我感觉像死了一样。我觉得我并没有活着。"

8 月初的一个早晨，戴维斯认为自己受够了。他回忆道："我醒来时感觉有点不对劲。"当狱警押送他去淋浴时，他要了一把剃须刀用来刮胡子。他坐在淋浴间的地板上，割破了手腕。监狱方赶紧把他送到医院。医生给他缝合伤口时，他拒绝麻醉。

然后他又回到单独监禁室继续服刑。戴维斯告诉我："有一个说唱歌手，他说'他们想要杀死我，却又让我活着'。这就完美揭示了单独监禁室给你的感觉——让你感觉自己被杀害同时却又活着。"

到底是什么让单独监禁导致人类的精神状态如此急剧的恶化呢？一种可能是，单独监禁通过剥夺人们急需的感官刺激造成对人的伤害。20 世纪 50 年代，蒙特利尔麦吉尔大学（McGill University）的研究人员展示了感觉被剥夺能够造成的危害 [25]。研究人员每天付给大学生 20 美元，让他们躺在一个小隔间的床上。学生们戴着磨砂眼罩和棉手套，胳膊上穿着纸板做的袖子。一个 U 形枕盖住他们的耳朵，空调的嗡嗡声发出连续的白噪声。

在小隔间里待了几天后，学生们就变得烦躁不安、思绪混乱。就像很多被单独监禁的人一样，他们产生了错觉（其中一些人感觉好像研究人员要出来抓他们），并经历了越来越复杂的幻觉，包括"史前动物在丛林中行走""眼镜在街上游行"。一些学生听到有人说话的声音，其他人则感到出现幻觉。有一名学生报告称："似乎有什么东西把我的思想从眼睛里吸走了。"

被单独监禁的囚犯不会经历如此极端的感觉剥削，但他们受到了同样无情的感官束缚。我联系过一名叫弗朗西斯·哈里斯（Francis Harris）的囚犯 [26]，他自 1997 年以来一直被单独监禁。（哈里斯在宾夕法尼亚州被判处一级谋杀罪，并被判处死刑。该州历史上一直将所有死刑犯单独关押。⊖）这意味着，在过去的 20 多年里，他几乎每时每刻都在盯着比普通停车位还小的浅灰色牢房墙壁。从他牢房后面的窗户可以看到监狱的铁丝网栅栏。他告诉我："牢房门上的另一扇小窗可以看到一堵砖墙。我想念大自然。我已经有 20 年没踏过草地或泥土了。"

不出所料，感官上的单调会导致压力。正如加拿大滑铁卢大学（University of Waterloo）的神经学家科林·埃拉德（Collin Ellard）所解释的："要了解人们如何与环境打交道，最好的方法就是记住我们是'信息动物'，我们靠新信息茁壮成长。我们渴望变化。"

埃拉德已经在他自己的研究中证明了这种偏好[27]，该研究引导参与者穿过大城市的街道，包括纽约市、多伦多、温哥华、柏林和孟买。在行走过程中，参与者记录了他们的印象，并佩戴了可以追踪眼球运动、记录脑电波、测量皮肤导电情况的生物传感器，皮肤导电情况是测量生理兴奋的粗略指标。当他们站在视觉复杂程度较低的建筑面前时，比如，外观空白、毫无特色、占据整个街区的"盒子状"商店，他们的兴奋水平会下降。他们还报告称对周围的环境不太感兴趣，也不那么开心。换句话说，他们似乎感到无聊。埃拉德告诉我："这有点令人担忧，因为无聊实际上会产生压力。"（埃拉德的同事、神经学家詹姆斯·丹克特（James Danckert）已经证明，即使是观看一个无聊的短视频，也能引发应激激素皮质醇的增加。[28]）

⊖ 2019 年 11 月，宾夕法尼亚州同意终止这一做法，作为解决集体诉讼的一部分。哈里斯告诉我，截至 2020 年 1 月，这一变更仍未执行。哈里斯还起诉该州的惩教部门，因为他们没有为他提供医疗服务。

除了缺乏积极的刺激，因犯在单独监禁中获得的感官体验通常是极其不愉快的。哈里斯说，他的第一间牢房里满是老鼠和蟑螂。他给我写信说："老鼠有自己的态度。通常，你一打开灯，你预料老鼠和蟑螂会跑去藏起来，但是这些家伙只会回头看着你，好像在说'你介意吗？我正打算吃你的东西呢'。"他告诉我，那间牢房里的气味令人难以忍受，混合着人类粪便的味道和体味。他写道："那气味太强烈，以至于你刚进去的时候会感到恶心。"他说，他现在的牢房要干净得多，但是他仍然不得不忍受巨大的噪声——其他人尖叫的声音、狱警靴子踏在他牢房上方的金属通道发出的声音，不分昼夜。

尽管这些感官压力令人不快，但给人造成最大伤害的可能是极端的孤独。人类是一种社会物种，天生就倾向于与他人建立联系。库珀斯告诉我："我们需要社会关系，这是作为人类的一部分。而将其剥夺是自私又无情的。"

孤独和社交孤立与应激激素水平升高、高血压、炎症、基因表达改变和免疫功能低下有关 [29]。被孤立或感到孤独的人患心脏疾病、与年龄相关的认知能力下降、一系列精神障碍及早逝的风险更高。虽然也可能是健康状况不佳导致的孤立，而非反过来，但是动物实验提供了令人信服的证据，孤独本身实际上就能导致神经和行为的改变。在类似于单独监禁的条件下，动物会产生我们在人类身上已经看到的行为异常，包括抑郁、攻击性和自残。

即使是在禁闭室幸存下来的因犯也可能会留下永久的伤疤。经过多次单独监禁后，戴维斯发现自己很难和其他人相处。他的脾气仍然一触即发，一点小事就会发火。他的愤怒已经伤害了他与朋友和爱人的关系，他有时候也不认识或者说不喜欢那样的自己。他在

2014 年的一篇文章中写道："曾经那个迷人、有趣、英俊、魅力超凡的自己已经不见了。他的灵魂被单独监禁的心理影响夺走了。我现在变得没有灵魂、痛苦、情绪不稳、充满愤怒。这不是我想要的生活方式，也不是我想要成为的那种人。"[30]

2011 年，一位联合国官员断言，单独监禁"可能成为酷刑"，而且全球广泛共识正在形成：单独监禁只能当作最后手段且只能短时间使用。（专家一般建议绝对上限为 15 天，并说，儿童和患有精神疾病的人绝不应该被单独监禁。）尽管到目前为止，美国最高法院仍拒绝彻底禁止这种做法，但有些州已经对其使用施加了新的限制，有几个州甚至已经关闭了隔离牢房和最高安全级别的设施。（因为安全级别高的监狱运营成本高，关闭它们可以为各州节省大量资金。）2018 年，美国国会严格限制对青少年实施单独监禁。

尽管单独监禁是一种特别危险的做法，但为制止它而做的努力只是改革美国刑事司法制度这个大型运动的一部分。美国的监禁率在 20 世纪 70 年代至 21 世纪头十年期间急剧上升。（在过去的十年里终于开始下降了，尽管幅度不大。）美国人口占全球人口的比例不到 5%，但是因犯数量占全球的近 20%[31]。许多人因犯有相对较轻的罪行而受到严厉的惩罚，例如拥有大麻或违规假释。有些人则因为无法负担保释金而被关押数周、数月甚至数年。有色人种被监禁的比例异常高，在过去的几十年里，患有精神疾病的因犯比例急剧上升。这些令人不安的事实引发了罕见的两党呼吁全面改革，包括修订量刑指南、取消现金保释、开发代替监禁的方法。

一些设计师正在重新思考监狱本身，被监禁可能会让人感到孤独、丧失人性、不安全，甚至对从未被单独监禁的人来说也是如此。美国监狱改革者的灵感来自国外出现的一些"人道的"惩教设施。

最典型的例子就是哈尔登（Halden）监狱，坐落于挪威东南部的松林之中[32]。尽管最高安全级别的设施周围有一堵 8.5 米的围墙，但该建筑群的外观和功能就像一个小村庄。窗户上没有铁栏，犯人可以在监狱的建筑和公共区域自由走动。那里有好几个花园和数十个艺术装置，还有一条绿树成荫的步道、一个攀岩墙、一个陶艺工作室，甚至还有一个录音棚。囚犯们有明亮的私人房间，配有独立浴室、小冰箱和电视。这样做的目的不是为了溺爱他们，而是要培养和改造他们，让他们在获释后能够在社会上过上健康而有意义的生活。

哈尔登监狱已经得到了相当多的赞扬和关注，斯堪的纳维亚半岛上的类似设施也同样如此。但是这些社会及其刑事司法系统与美国不太一样。比如，挪威没有死刑，基本上也没有无期徒刑。挪威也是一个相对平等的国家，拥有健全的社会保障体系和相对较少的监狱人口。像哈尔登监狱这样的地方在美国行得通吗？当我开始研究这种可能性时，一个名字不断涌现：拉斯科利纳斯（Las Colinas）。

虽然拉斯科利纳斯监狱孤零零地坐落在一条死胡同上，但它却悄悄地来到了我身旁。那里没有阴森的墙壁或威严的瞭望塔。前一分钟我还在一条安静的、绿树成荫的街道上开着车，远处矗立着几座荒山，下一分钟我就到了路的尽头，完全错过了岔路口。

一个急转调头后，我把车开进了停车场。当一辆轿车驶入我旁边的位置时，我下了车，开始拿掉身上的贵重物品——我被要求把手机和钱包留在车里。HMC 建筑师事务所（HMC Architects）的负责人詹姆斯·克鲁格（James Krueger）走了出来。他全身都是灰色系：浅灰色的衬衫、深灰色的牛仔裤、头发里透着一些银丝。那是

2018 年春季南加州绚丽的一天，几年前，克鲁格牵头对拉斯科利纳斯监狱进行了重新设计，现在他来到这里向我展示了美国监狱的乌托邦式未来。

最初的拉斯科利纳斯是少年拘留所，开设于 1967 年，12 年后变成了女子监狱。到 20 世纪 90 年代末，它开始需要进行大改造。"那里很旧、很暗，有很多栅栏，还有很多他们称为剃须刀的线。"克里斯廷·布朗·泰勒（Christine Brown-Taylor）说道。他是圣迭戈郡治安官部门回归服务的负责人，拉斯科利纳斯监狱归该部门运营管理。

1999 年，圣迭戈郡聘请了一家名为卡特·高宝·李（Carter Goble Lee, CGL）的惩教咨询规划公司来评估该郡的惩教需求，并起草一份现代化设施的总体规划。翻修拉斯科利纳斯监狱成为重中之重。CGL 和治安部门共同决定，要设计一个让人感觉不那么制度化的女子监狱。CGL 的执行副总裁斯蒂芬·卡特（Stephen Carter）告诉我："从一开始，来自治安官办公室的工作人员就在致力于做一些不同的事情。"

圣迭戈郡发布了征集建议书，要求建筑师提交安全设施的设计方案，该设施要使在押人员可以在几乎没有物理障碍的情况下进行社交、聚集和四处走动。这引起了当地的 HMC 建筑师事务所的注意，该事务所认为，可以利用其设计学校的经验，来创建一个感觉更像大学而不是监狱的建筑综合体。HMC 与 KMD 建筑师事务所合作，KMD 事务所位于旧金山，在设计惩教设施方面很专业。⊖

⊖ 在 20 世纪 80 年代，KMD 设计了鹈鹕湾监狱，这座位于加州的监狱因其恶劣的条件和长期的单独监禁而臭名昭著。随着时间的推移，KMD 公司的设计方法也在不断发展。近年来，KMD 已经设计了许多更加人性化的设施，包括自然光充足的少年看守所，里面有多个活动区域，还有自然环境盎然的园区。

　　HMC-KMD 团队的设计概念赢得了该项目的合约，他们要设计一个开放式、公园般的园区，有蜿蜒的步道和众多户外休闲空间[33]。他们把便利设施，包括一个大型的室外圆形剧场和他们设想用于扔飞盘和踢足球的草地区域，都设置在了前面和中间的位置，并故意让安全戒备设施不那么显眼，把四周的围栏隐藏在精心设计的景观后面。克鲁格解释说，他们还增设了独立的建筑用来上课、开展职业培训和宗教活动，希望创造一个让女性可以"按下重置键真正重启人生的地方"。

　　至少，这是他们的希望。自 2014 年拉斯科利纳斯监狱投入使用以来，克鲁格还没有再回去看过。在我们此行之前，他承认有些紧张。他告诉我："我很担心我们今天走进去然后感觉那里就像一座监狱。情况不应该是这样的。"

　　副警长萨拉·奥德尔（Sarah Odell）在大厅迎接我们。她爽朗而威严，乌黑的头发向后梳成一个紧致的发髻，腰间一侧挂着一串钥匙，另一侧别着一把手枪。在一轮介绍之后，她把武器放在一个枪柜里，行政大楼后面的双扇门咔嗒一声就打开了。奥德尔护送我们进入了绿草茵茵的园区，阳光很刺眼。一大片草地在我们面前展开，在我们右边的一小块草地上挂着一个排球网。一条长长的人行道从我们身后的行政大楼一直延伸到园区另一侧的自助餐厅和宗教服务大楼，两边都是茂密的棕榈树。教室、图书馆和一栋娱乐楼都坐落在这条中央大道旁，而围绕几个较小的庭院排列的居住楼群都分散在园区周边。

　　拉斯科利纳斯监狱的床位供大约 1 200 个在押人员使用，其中包括等待审判的女性和已经被定罪的女性。所有囚犯都根据她们所受的指控和监禁期间的行为进行了安全级别分类，这里约 70% 的女性被列为低安全风险范畴，这一身份能拥有很多特权，包括可以在没有陪同的情况下在园区里走动、使用户外设施，以及在自助餐厅用餐。（不遵守规则的低安全级别囚犯会失去这些特权，而表现良好的高安全风险囚犯则可以获得这些特权。）

我们沿路来到一个低安全级别的居住区。三个穿着棕褐色囚服的女人，正在大楼外面的野餐桌旁轻声交谈。我们穿过门进入一间大休息室，这是一个公共空间，女士们可以在这里看电视、打牌、读书或只是闲逛。房间里摆着几把浅绿色扶手椅和形状大小各异的金黄色木桌。克鲁格和他的同事们接受了一种被称为"正常化"（normalization）的理念，或者说是一种概念，即惩教所不应该像一个没有人情味的机构，而更应该像一个真正的家。为此，他们试图避开监狱中普遍存在的那种传统的、坚不可摧的家具和固定装置——钢制马桶、水泥凳、用螺栓固定在地面上的金属桌。

阳光从大窗户照射进来，整面后墙上挂着一幅海滩的全景照片。每间住房里都有一幅这样的壁画，描绘了圣迭戈郡周围的风景。（多项研究表明[34]，大自然的照片和视频可以使囚犯和监狱工作人员平静下来，减少暴力行为。）墙壁之间的居住空间看起来像宜家（IKEA）设计的监狱，墙壁都涂上了凉爽宁静的蓝色和绿色，并配以金色的木质色调。

休息室旁边的起居区是完全开放式的，没有牢房，没有门，也没有锁。每个女囚都有属于自己的小隔间，里面有一张床、一张桌子、一把椅子和一个小储物柜。在这里，家具也是浅海绵绿色的，带有温暖的木材质感。小隔间里摆满了个人物品（离我们最近的小隔间里摆放着一副扑克牌、一本科幻小说、一瓶胡椒、一把刷子和一瓶 V05 洗发水），但是都很整洁，而且克鲁格注意到，那里一点涂鸦斑点都没有。奥德尔说："她们保持得很干净，很细心在照顾自己的隔间。"女囚们可以自由地从自己的铺位走到任何公共空间，包括公共浴室，女囚们很高兴地发现在浴室有真正的镜子，以及一楼后方另一间较小的休息室，里面有一台微波炉、视频会议电话和一张空气曲棍球桌。

值班的警卫不是坐在封闭的警卫站或办公室里，而是在中央休息室的一张开放式桌子旁。这与许多惩教机构的设计方式不同，那些机构用栅栏、门或者防弹玻璃等坚硬的障碍物将看守人员与监管的囚犯隔开。在这里，警卫就坐在休息区里，他们可以与在押人员面对面交谈。

联邦监狱管理局（Federal Bureau of Prisons）在 20 世纪 70 年代开始试验直接监督（direct supervision）的模式，研究人员反复发现[35]，与非直接监督的经典模式相比，这种模式下的监狱客观上更安全，暴力和袭击事件的发生率更低。"工作人员与囚犯之间的直接接触越多，实际上每个人都越安全，这与一些人的直觉相反。"理查德·韦纳（Richard Wener）说道。他是纽约大学的环境心理学家，对直接监督进行了一些初步研究。他补充说："如果工作人员与囚犯真的有了互动，他们就会开始更多地把彼此当作人来对待，而不是物品。"采用直接监督方式的机构也更平静、更放松，囚犯和狱警的紧张感和压力都更低。⊖

⊖ 2014 年的一项对 32 个荷兰拘留中心的囚犯的研究表明[36]，监狱的建筑会对囚犯与工作人员的关系产生显著的影响。研究人员发现，住在园区式拘留场所的囚犯（里面各功能区都很小，工作人员往往离他们很近）往往最能积极地看待他们与工作人员的关系。被关在环形监狱式建筑里的囚犯对自己与狱警的关系感到最悲观。环形监狱是英国哲学家杰里米·本瑟姆（Jeremy Bentham）在 18 世纪末期提出的概念，优先考虑监视和控制。建筑布局是环形的，牢房堆叠成环状，围绕着中央的警卫站。该设计使警卫人员可以随时与囚犯保持联系，而囚犯本身并不知道到底什么时候自己被监视。还增加了囚犯和警卫之间的物理距离，这可能会让囚犯感觉与工作人员更加疏远。此外，研究人员写道："环形监狱规模大，可能会增加匿名性，导致官员与囚犯之间的非个人化互动增多，一对一互动减少。"

　　韦纳告诉我，当狱警从个人层面了解被关押的犯人时，他们就能更好地回应犯人们的需求。小到确保厕纸及时更换，大到帮助囚犯在法庭上受挫后控制好自己的情绪。警卫可以在紧张局势发展初期帮助缓解，而不是等到冲突爆发才冲进牢房处理。在直接监督模式下，惩教人员不再仅仅是保安，更像是社会工作者，依靠沟通、冲突解决和咨询技巧开展工作。

　　尽管如此，一些狱警仍对这种做法持怀疑态度。确实，拉斯科利纳斯监狱的代表们一开始就担心这行不通，担心女囚们会走到办公桌前弄乱电脑和电话，引起各种混乱。但事实证明，这些担心是没有根据的。奥德尔告诉我："她们很尊重这张办公桌。"这些女囚对制造混乱不感兴趣，尤其是如果她们花了一天时间去上课或参加职业培训项目后。当女囚们回到住处，她们只想洗个澡放松一下，而不是制造麻烦。奥德尔说："我们花了一段时间才意识到这一点。"这种情况一次又一次发生，警官们意识到，女囚可以被信任，可以享有比他们最初设想的更多的自由和自主权。

　　重新设计后，园区里教室的数量从 5 间增加到 20 间，使拉斯科利纳斯监狱可以大幅度扩展其课程和服务。现在，这里有一个职业中心，还有几栋专门用于职业培训的大楼，涉及的领域从园林绿化到洗衣业务等。在一间巨大的工业厨房里有一个珍贵的烹饪艺术项目。参加该项目的女囚按照国家餐厅协会（National Restaurant Association）制定的课程，为员工餐厅准备所有食物，并操作位于餐厅外面的咖啡车。奥德尔告诉我："她们学习如何制作星巴克的一切产品。"该项目的许多毕业生都去了当地的餐馆工作。

　　还有一个提供牙科护理、产科和妇科护理、心理健康治疗等全面服务的医疗诊所，宽敞、现代又干净，有相同的绿色、蓝色和金色木质色调，与监狱里很多空间的典型色调相同。一个移动乳腺 X 光检查机构每年提供一次免费的乳腺 X 光上门检查。

园区里还有很多其他不错的设计。家人探视间宽敞明亮，有落地窗和条纹墙壁，配有明快的白蓝色调。4 间私密的儿童探视间用原色装饰，铺着柔软的泡沫地板，里面摆满了书籍、玩偶和塑料玩具，比如幼儿尺寸的滑梯。有空调的健身中心里备有瑜伽垫和尊巴舞 DVD 光盘。露天的圆形剧场举办假日活动，周五晚上看电影，还有当地的交响乐团和戏剧公司前来参观。奥德尔告诉我们："现在我不觉得我是在监狱里工作，而在之前的旧监狱时，我会说'见鬼，我在监狱工作'。这是件悲伤的事。"

2015 年，CGL 惩教咨询公司进行了一项用后评估 [37]，采访了工作人员和在押犯人对拉斯科利纳斯监狱的看法。囚犯们都对设计给予了正面评价。CGL 公司的执行副总裁斯蒂芬·卡特告诉我："在我们采访的众多人中，只有一个人说她不喜欢这个园区。我们继续询问之下才知道，她不喜欢走路，她住的地方和餐厅之间要走很长一段路，她宁愿在自己住的地方吃饭。"女囚们喜欢宿舍式住宿所培养的集体感和直接监督模式。卡特说："对她们来说，走到狱警面前表达自己的要求似乎是很自然的事情。"

狱警们也很高兴。卡特说："腰杆笔挺的工作人员说'现在，工作是一种乐趣'。"狱警们说他们感觉压力变小了，他们几乎都喜欢直接监督，而不是被关在控制室里。

犯人的行为改善是显而易见的：根据该郡收集的数据显示 [38]，新设施启动后，囚犯之间及囚犯与工作人员之间的袭击事件次数减少了 50%。布朗·泰勒告诉我："你几乎立刻就能看到不同。"

该结果与理查德·韦纳几十年来对监狱的研究结果一致。"物理环境能够让你预见人们可能做出的行为以及人们对你后续行为的看法，这也体现的是人类的回应。当你进入那种看起来像以前的中央公园动物园的监狱时，这类监狱由这些元素组成：大栅栏、混凝土、可以用水管冲洗的地板，就像动物园里的动物的住所。这就在告诉你他们对囚犯的看法——'这些都是危险动物，我们得把他们关在铁栅栏里。'一个更加柔和、更像家的环境会传递出不同的信息。它在象征性地说'我们把你们视为文明人'。"

在拉斯科利纳斯参观时，有那么几个时刻，我几乎忘了我是在参观一座监狱。比如，囚犯食堂与我在弗吉尼亚州白金汉郡看到的学校食堂惊人地相似。但有一些突发事件在提醒我，我其实是在监狱里：3 名女囚摊开四肢靠墙站着，一名警官正在对她们进行搜身；补给区的一间四壁包有垫子的监禁室传来尖利的叫声。设计上也有一些暴露这一事实的地方：休息室的扶手椅里填充了沙子，这样就不会被人拿起来扔出去；楼梯上的立管都是网状的，以确保在押人员不会躲在下面。

虽然设计者和该郡为其数百名低安全风险的犯人所创造的环境给我留下了深刻印象，但这种方法也仅限于低风险区囚室了。那些被认为安全风险较高的女性被分配到戒备程度较高的居住区，被隔离在监狱的一边，大门紧锁。那里没有开放式的小隔间，女囚住在传统的牢房里，由狱警看守，这些狱警 3 人一组，坐在封闭的警卫室里。家具大部分都是金属的，用螺栓固定在地板上。这些女囚可以使用她们生活区内的休息室和相邻娱乐场的运动器材，但是在没有守卫陪同的情况下，她们不能离开。克鲁格告诉我："她们是最不自由的。"

这些囚室在美学上比传统的监狱更上一层楼：这里有与低安全风险区囚室相同的自然全景壁画和充足的自然光，囚室的墙壁也被涂成了柔和的蓝色和绿色。克鲁格说："我们很努力才保住了那一点色彩。我们还想把它弄得好看点，但是这里毕竟是不一样的空间。"

斯蒂芬·卡特告诉我，回想起来，他也不确定他们是否需要这么严格的安全措施。他说："如果再做一次，我们在一些安全措施方面会更加轻柔。在我看来，我们或许本可以少设置一些那么严苛的囚室。"

外面很多人对拉斯科利纳斯监狱感兴趣，奥德尔曾带着来自沙特阿拉伯和新西兰等地的惩教官员和专家来参观监狱。在美国各地出现了很多类似的建筑群。但这种模式并不总是容易被接受，尤其是有些政界人士担心以这种模式对待犯罪过于柔软。正如韦纳告诉我的那样："治安官在竞选中最容易失败的方式就是他的对手说'他为坏人们建立并经营了一个乡村俱乐部'。"此外，虽然刑事司法改革正获得支持，但仍有相当一部分美国人认为[39]，监禁应该是惩罚性的，报应比改过自新更重要。

拉斯科利纳斯是女子监狱，这可能并非偶然，设计团队怀疑，如果该设施是为男性设计的，可能会遭到更多的公众反对。事实上，2017年，当纽约市提议用更小、更人性化的监狱替代臭名昭著的莱克斯岛上的监狱建筑群时（该岛上的监狱主要关押男囚），《纽约邮报》宣称[40]："市长想要监狱看起来像图卢姆（Tulum）的静修所。"这篇文章配的图片是拉斯科利纳斯监狱的照片。

当然，一些自然壁画和柔和的扶手椅并不意味着监狱就是热带度假胜地了，韦纳相信这些批评从根本上误解了监禁的目的。他说："最终的制裁是失去自由。人们被关进监狱本身就是惩罚的形式，他们并不是要被送到监狱里再次接受惩罚。"

一些进步人士也对人性化监狱运动深表怀疑。为了了解更多关于这些批评的信息，我给拉斐尔·斯佩里（Raphael Sperry）打了电话，他是社会责任建筑师 / 设计师 / 规划师协会（ADPSR）的主席。他告诉我，创建更好的监狱可以使我们摆脱美国刑事司法系统更大的麻烦。在斯佩里的脑海中，"要了解该系统，第一件事就是要知道，在那里的大多数人都是受到了不公正的判决。你不能用把他们关在一个非常漂亮的监狱里来弥补他们缺失的自由。"他告诉我。

斯佩里说，当务之急不应该是建造更好的监狱，而应该首先减少被监禁的人数。想要参与解决这一问题的建筑师应该专注于设计更多经济适用房、药物治疗中心、心理健康设施以及社会安全网络中的所有其他建筑。他说："我不反对为健康和幸福而设计。我很喜欢那样做。我只是觉得，如果你想解决导致犯罪的各种问题，你不能在监狱里解决，应该在社区里解决。"

我认同斯佩里的观点。我们需要为社区、公共卫生和教育投资，为恢复性司法和替代监禁的其他方法投资，为减少监狱人口投资。然而，即使我们完成了所有这些事情，监狱也不会消失，而且将监狱造成的伤害降到最低是有价值的。[○]这些目标并不矛盾。我们应该减少送进监狱的人数，并且当他们在监狱的时候对他们好一点。（需要说明的是，对他们好一点不仅仅是挑选让人平静的油漆

○ 有一个废除监狱的运动，其成员认为我们不应该建造任何新的惩教设施，应该逐步淘汰已经存在的惩教设施。

颜色，还意味着遏制虐待，确保囚犯能够获得基本必需品，包括充足的食物、卫生设施和医疗护理。）

在未来的几年里，我们还应该密切关注这些改革的实际影响，毕竟，改造美国监狱已经有很长一段历史了，而这些努力对囚犯来说并不总是奏效。目前还不清楚更多人性化监狱是否会改善长期的结果，拉斯科利纳斯监狱正开始追踪，有多少此前被关押在这里的囚犯最终又重新被关押。克鲁格告诉我：在美国，每周有1万人从监狱释放出来[41]。"这些人会重返社会——我想人们有时候会忘记这一点，他们在监狱时被如何对待与他们出去后如何表现有很大关系。"⊖

韦纳告诉我，人性化监狱运动的底线正是你的祖母可能曾教过你的东西："最终，如果你对别人好，别人也会对你好。"

监狱之外也是如此。从疗养院到精神病院等其他居住设施的设计者们，也已经开始接受人性化设计的概念。根据在纽约专门研究精神病机构设施的建筑师弗朗西斯·皮茨（Francis Pitts）的观点，这一举措早该实施了。皮茨说："大多数传统的精神病院并不是为了人类的体验而设计的。它们只是没有灵魂的、官僚化的加工机器。"他告诉我，实际上，它们中很多都与监狱相似，冷酷而机构化，其主要目的是让住在这里的人处于控制之下。他说："它们是为疾病设计的，而不是为患病的人设计的，这是错误的。"

⊖ 如果人道主义的观点不能说服你，那么考虑一下，帮助曾经的囚犯重建生活、远离惩教系统是有很大经济效益的：大规模的监禁是昂贵的。卡特告诉我："如果我们不降低这个国家的再犯率，那么我们将会让州县，尤其是地方政府破产。"

精神病院正越来越努力创造既温暖又美观的环境，使病人感觉更像在家里[42]。他们使病人能够拥有个性化的个人空间，并使用真正的盘子和玻璃器皿吃饭。他们采用了很多其他医疗保健、教育和住宅设计师采用的策略，从增加屋顶花园到创建提升集体观念的小型团体空间等。皮茨告诉我，除了改善病人的健康外，这些经过深思熟虑的设计还向病人传达了一个非常宝贵的信息："他们所处的建筑，所处的地方，能让他们拥有尊严和希望。"

事实上，物理环境可以发出强有力的信号，表明我们重视谁，重视什么。在 2012 年的一项研究中[43]，康奈尔大学的环境心理学家洛兰·马克斯韦尔（Lorraine Maxwell）发现，青少年对自己的看法与学校建筑的质量息息相关。在高质量的建筑中上课的学生，比如，那些干净、明亮、通风且维护良好的建筑，与那些在昏暗、肮脏、破旧的建筑中上课的学生相比，不仅在学业上表现更好，而且对成功更有信心。马克斯韦尔认为，一栋"好的"学校建筑向学生传达了一种信息即他们很重要，而"坏的"建筑则相反。

在更大范围内也是如此。与居住在整洁社区的人相比，生活在垃圾乱扔的社区中的人对社区的自豪感和对当地政府的信任度都更低[44]。虽然城市绿化空间有很多好处，包括促进心理健康，但凌乱的景观反而会适得其反[45]。居住在绿植照顾不佳的街区的居民，比那些没有任何绿植的街区的居民的公民信任度更低[46]。美化空地似乎可以减少某些类型的犯罪和居民压力，改善公共安全认知，吸引居民离开家，使他们更有可能在户外开展社交活动[47]。

这些研究是一个不断发展的研究领域的一部分，由诸如温哥华的快乐城市（Happy City）和伦敦的城市设计和心理健康中心（Centre for Urban Design and Mental Health）等组织推动，对我们如何建设可以培养心理健康的城市提出了建议。有人说，良好的城市设计甚至可以帮助我们对抗所谓的孤独流行病（epidemic of loneliness）。宾夕法尼亚州立大学比弗校区的心理学家凯文·贝内特（Kevin Bennett）说："有充分的证据表明，孤独感和社会隔离似乎在全世界范围内日益增加，特别是在城市地区。即使人们生活在一个很小的地理空间，人口密集，有数百万人口，但隔离率仍然非常高。"

尽管城市生活与监狱生活相去甚远，但贝内特认为这两种环境之间存在明显的相似之处[48]。他指出，一些困扰着被单独监禁的囚犯的精神疾病在城市里也特别普遍。他解释说："我们在人们感到被孤立的城市环境中看到了类似的影响，尽管没有那么极端，但他们感觉自己好像住在与他人隔绝的小公寓里。"

城市并不是刻意设计出来隔离人们的，但城市的规模和密度可能让人难以承受，大量不熟悉的面孔阻碍了居民与任何一个人建立紧密的联系。在 2012 年对近 4 000 人进行的一项调查中[49]，温哥华基金会（Vancouver Foundation）发现，与住在联排别墅或独栋住宅的人相比，住在高层建筑里的人更可能从未与邻居聊过天。只有 56% 的人知道至少 2 个邻居的名字，而就住在独立住宅中的人而言，这一数据为 81%。高层居民也不太信任邻居或不太可能为邻居帮些小忙，更容易说自己很孤独或难以结交新朋友。

然而对于设计师和城市规划者来说，也许有办法帮助促进更多社交互动。贝内特告诉我："假如说你有一个室内或室外的公共空间，通过摆放长凳或桌子的方式就可以促进一定程度的交流。"对长期的卫生保健机构内休息室的研究表明[50]，把椅子摆放成亲密的小型组合，而不是在房间周围排成几排，可以促进社交活动。城市设计师可以借鉴这些经验，设计小型户外家具组合并将公园长椅面对面摆放。贝内特说："你别指望人们会进行改变生活的深度对话，但他们会互动 2 分钟，然后接着过日子，他们可能又会与别人再互动 2 分钟，这就是我认为有益的那些互动产生的累积效应。"

研究人员还发现[51]，与生活在不那么有活力的地区的人相比，生活在充满公园、图书馆和餐馆等设施的社区的人更容易与邻居交往，并感觉不那么孤立。在建筑层面，为公寓居民提供共享空间，如游戏室和社区花园，可以达到同样的目的，让有共同兴趣的人聚集在一起。

最后，促进城市福祉需要关注基本要素，如确保住房安全、整洁、安静、维护良好[52]。经济实惠很重要。在一项大型纵向研究中[53]，研究人员发现，当中低收入的澳大利亚人搬出经济适用房，搬进让他们预算紧张的住房时，他们的心理健康会受到影响。

尽管人性化设计的目标看似宏伟，但激发灵感的动力其实很简单。皮茨告诉我："以人为本的设计运动的核心是对善良的追求。设计绝对可以成为让人变得更善良的方式。"

或者让人变得更聪明的方式。正如我们的社会价值观，在不断地发展中促使我们创造更加友善的空间一样，技术的进步正帮助我们设计更智能的建筑。到目前为止，很明显，即使是关于室内环境的最微小的决策——无论是增加一扇窗户、设置楼梯的位置，还是如何布置家具，都会对我们的生活产生重大的连锁反应。智能家居传感器和传感系统为我们的建筑注入了新的力量，为我们的福祉发挥更积极的作用。

第 7 章

如果墙壁能说、能听、能记录

半个多世纪以来，作家和未来主义者，从雷·布拉德伯里（Ray Bradbury）到《杰森一家》（*The Jetsons*）的作者，一直在幻想真正可以自主运转的智能高科技住宅。在他们构想的未来里，我们的房子将不仅仅是庇护所：未来的房屋将为我们做饭、打扫卫生、照顾我们，会叫我们起床，为我们做早餐，然后帮我们整理房间。

明天就在这里。在世界各地的家庭中，智能温控器发着微光，自动吸尘器在旋转，智能音箱随时待命。可以设定程序的窗帘随着太阳升降开关，联网的冰箱随时监控我们的牛奶供应。我们外出不在家的时候，可以依靠智能花盆给植物浇水，智能宠物供料器给狗喂食，智能门锁可以让维修人员进门。在漫长的一天工作结束时，我们可以把晚餐放进烤箱，它能检测到我们正在烤一只鸡，然后将其烤至完美，我们可以躺在预热的床垫上睡觉，床垫会自动调整温度和软硬程度。随着清晨的临近，床垫会逐渐变凉，帮助我们从睡眠中醒来。

英国米德尔塞克斯大学（Middlesex University）智能环境发展研究团队的负责人胡安·卡洛斯·奥古斯托（Juan Carlos Augusto）说："这个领域现在发展很快。几十年前被认为是边缘科幻的许多东西正开始投放市场。"技术公司正在大力投资智能家居系统，也被称为智能环境、环境智能、家庭自动化、普适计算和物联网，而且消费者的需求也在增长。到 2023 年，预计超过一半的美国家庭以及全球六分之一的家庭将拥有智能家居设备[1]。

第一波产品旨在减轻日常生活的烦扰，追踪我们的行为和喜好，进而让我们的家更舒适、方便、高效。但是现在，第一波产品想要获取我们的健康信息。让我们舒适睡觉的床垫也在收集我们的睡眠质量、心率和呼吸相关的数据，而一些智能温控器在监测我们家里的空气质量。很多公司现在都在销售智能药瓶，当病人没有遵照既定剂量时，这些药瓶就会发光、发出响声或发送短信。谷歌（Google）已经为一种光学传感器申请了专利，这种传感器可以让智能镜子通过检测皮肤颜色上的细微变化来监测我们的心血管情况[2]。亚马逊（Amazon）也为一种系统申请了专利，当我们的智能音箱无意中听到感冒流涕的声音时，该系统会提示订购止咳药[3]。（它大概会从亚马逊订购这些药片。）

这些进步，以及未来的进步，都意味着我们的家与我们的医疗保健之间的关系，比以往任何时候都更加紧密。即使这些技术进入主流市场，仍有一个特殊的细分市场处于领先地位，而它可能不是你所预期的那个——率先使用这些产品的最先进版本的，并不是精通技术的千禧一代，而是老年人。正是在老年人护理社区，科学家和工程师们把所有东西拼凑在一起，试验真正把家变成医疗设施的综合健康监测系统。

潜在的好处是巨大的。地球上 65 岁及以上的人口超过 7 亿，预计到 2050 年，这一数字将翻一番[4]。此外，我们寿命的延长意味着老年人会活得更久，会在一个往往伴随着越来越虚弱的状态和减弱的认知功能的阶段度过更长时间。至少在理论上，家用传感器、摄像头、追踪器和监测器可以帮助许多这样的老年人保持健康和独立，使他们能在家里安全地老去，即使面对疾病和虚弱。这些系统让我们对未来的智能家庭健康监测有了初步了解。我们提前看到了，让我们的建筑扮演医生角色的前景和风险。

密苏里大学（University of Missouri）的老年学护士和研究员玛

里琳·兰茨（Marilyn Rantz）一直致力于改善美国人的年老体验。通常，随着老年人需求的增加，他们会被送到一系列提供更高水平护理服务的住宅——从自己的房子到辅助生活设施，再到养老院。然而，这些做法可能具有破坏性和危险性。把老年人从一个家转移到另一个家，尤其是在违背他们意愿的情况下，会导致老年人困惑、失眠、食欲不振、焦虑和抑郁[5]。

兰茨本人在 20 世纪 80 年代发现，这还可能产生更严重的后果。当时，她是威斯康星州一家养老院的管理人员，当工作人员把一群住户搬到新住处后，死亡率飙升[6]。兰茨说："迁居的做法很难让人适应，会产生很多额外的压力，实际上还会导致早逝。"老年人也不太喜欢这种迁居的做法。在一次又一次的调查中，他们说想要待在自己的房子里，尽可能保持独立[7]。

1996 年，兰茨和她在密苏里大学辛克莱护理学院（Sinclair School of Nursing）的同事[8]，决定建立一种新的老年人住房模式，让人们可以"就地养老"（age in place）。他们与拥有并经营老年生活设施的美国护理公司（Americare Corporation）合作，创建了他们称为老虎之家（Tiger Place）的住宅，这个名字是对密苏里大学吉祥物的致敬。他们还成立了一个名为辛克莱家庭护理（Sinclair Home Care）的机构，专门负责管理该住宅。老虎之家是一个公寓建筑群，成年人可以在这里度过他们的整个黄金岁月。这里可以是一个独立的生活场所，但是对不同的需求的适应性很强。如果住户的需求有变化，辛克莱可以提供额外的帮助，比如物理治疗、伤口护理、协助洗澡和穿衣，必要时还可以提供临终关怀。兰茨说："我们为人们提供服务，帮助他们在那里度过晚年。"

1999 年末，当兰茨正努力建成老虎之家并投入使用之际，她

年迈的母亲摔倒了，摔碎了肩膀。她当时独自在家，在地板上躺了
8 个小时才有人来救她，后来一直没有真正康复。兰茨告诉我："那
次摔倒后不到 6 个月她就去世了。这是个典型的例子，告诉我们老
年人摔倒和骨折后会发生什么。"

每年有超过四分之一的老年人摔倒[9]，长时间躺在地上无人搭
救的人康复效果非常差。兰茨和她的同事想知道是否能设计出一个
技术系统，可以自动检测到老虎之家里有人摔倒，这样就没人会重
蹈她母亲的覆辙了。

为了寻找合作伙伴，兰茨穿过校园来到了工程学院（College of
Engineering），她在那里做了一次关于她设想的演讲。电子工程与
计算机科学系教授马乔里·斯库比克（Marjorie Skubic）也在观众
席中。1997 年，斯库比克来到该大学，她想要与其他学科的学者
合作，做一些有意义的研究。（她告诉我："我不想只是写一堆论文，
发表在一些乏味的期刊上，可能只有十几个人会读。"）兰茨的设想
符合这两个条件。斯库比克回忆道："我说'哇，这正是我要找的'。
于是我举起了手。"

在一系列焦点小组调查中[10]，斯库比克和兰茨了解到，虽然老
年人对跌倒检测技术持开放态度，但他们对挂件、手镯和夹式设
备等可穿戴设备持谨慎态度。这些设备需要使用者做大量工作，首
先，要记得随时佩戴并保持充足的电量，而且可能会让佩戴者打上
生病或虚弱的烙印。因此，斯库比克和兰茨决定专注于开发可以部
署在老年人住宅的传感器。斯库比克说："我们说'我们就让他们
什么都不用做就行了'。把这东西安装在环境里，他们不需要佩戴
任何东西，也不需要给任何东西充电。"

斯库比克与几位同事和一大群学生合作[11]，花了几年时间在她那杂乱的大学实验室里研究跌倒检测技术，实验室里配备了高科技运动捕捉相机和各种各样的居家家具。他们测试了地板振动传感器、多普勒雷达和用来捕捉跌倒声音的麦克风阵列，之后确定了最有前途的方法是一项视频游戏技术：微软的体感游戏机（Kinect），一种现在已经停产的运动感应相机，可以与该公司的 Xbox 游戏机配合使用。Kinect 内含一个深度传感器，可以测量物体与设备之间的距离。从这些深度数据中，斯库比克和她的团队可以提取出人体轮廓，跟踪他们的移动，检测到他们跌倒的情况。

为了测试和改进该系统，斯库比克的团队聘请了特技演员，让他们表演 20 种不同的跌倒方式，包括绊倒、滑倒、从椅子上跌落和从床上滚下来等。斯库比克解释道："我们训练特技演员如何像老年人一样摔倒。"他们还要求演员表演可能会触发假警报的动作，比如从地板上捡东西，并运用机器学习来训练软件区分跌倒的真假。斯库比克告诉我："跌倒检测的关键不仅在于检测到跌倒本身，还在于区分跌倒的真假。"当他们对自己的成果感到满意时，他们就将其带到了老虎之家。

我在 2018 年夏季参观了老虎之家。这座占地面积庞大的单层建筑于 2004 年开放[12]，距离密苏里大学校园只有几千米，里面有很多奢华的装饰：大厅里有一架大钢琴、织锦窗帘，还有很多枝形吊灯，我都没有数清楚。天窗将阳光引入室内走廊，住户很容易进入户外。每间公寓都有自己的封闭式门廊，直接通向室外，还有一个大型公共庭院，里面有喷泉、鸟食器和种满香草的花盆。（户外通道特别有用，因为在老虎之家可以养宠物。老虎之家的运营总监卡利·莱恩（Kari Lane）说："不只是可以养宠物，我们还鼓励养宠物。"这里大概养了十几只狗和猫，甚至还有一个兽医办公室，员工由大学兽医学院的老师和学生担任。）

这里的居民年龄从 60 多岁到 90 多岁不等，其中大多数都至少患有一种慢性病。有患心脏病、关节炎、糖尿病和痴呆症的老年人，一般的住户都要服用十几种药物[13]。他们每 6 个月接受一次全面的健康检查，他们会保留自己的私人医生，这些医生会与老虎之家的护士保持密切联系。

当然，我们的目的是保持老年人的健康，但同时也能使他们继续住在自己家里，即使他们的病情起起落落。莱恩说："所以，如果有人走路困难的话，我们可以请物理治疗师过来。如果他们不需要了，我们再撤回这项服务。如果他们跌倒了，摔断了髋骨，他们会去医院，或许会像其他人一样去做康复治疗，但那之后，他们还会回到自己家中。"

这种方法似乎奏效了。老虎之家开放以来，老年人的平均居住时间一直在增加，已经超过了全国老年人居住设施的平均居住时间[14]。有些住户在这里住了 10 多年，直到生命的最后几小时。在我拜访的那天，一位搬进公寓 14 年的男士生命垂危。兰茨告诉我："我们觉得他撑不过今天了。"但就在工作人员努力控制泪水的同时，他们也意识到，从很多方面来讲，这都是一个快乐的故事。一位老人在自己的家里度过了晚年，在这里他被引导着安详地逝去。

密苏里大学的研究人员不断在老虎之家测试新的想法，餐厅外面的公告板上贴满了招募参与研究的志愿者的传单。2013 年，斯库比克的团队开展了一项跌倒检测研究[15]，在老虎之家的十几间公寓里安装了感测空间深度的摄像机。每当系统检测到它认为是跌倒的情况时，就会给值班护士发送一封电子邮件。每封电子邮件都包含一段触发警报的短视频，让护士能够迅速看到到底发生了什么。如果视频显示真的有人跌倒，护士们可以在几分钟内赶到该公寓。如果是错误警报，比如，只是一只狗从沙发上跳下来或一个小孩子跳到地板上，那么护士就可以不用过去了。莱恩说："如果他们没跌倒，我就不会让那么多人跑进他们的房间去检查了。我们希望住户拥有尽可能多的隐私和尊严。我们会努力杜绝这类闯入情况的发生。"

在 101 天的时间里，该系统检测到大约 75% 的跌倒情况，平均每间公寓每个月会有一次误报。事实证明[16]，该系统很受欢迎，设计团队随后将其安装在老虎之家的其他一些公寓以及该州其他老年人居住设施里。（斯库比克告诉我，随着时间的推移，这些算法也变得越来越准确，现在可以检测到相机视野范围内的几乎所有跌倒情况。）

然而从一开始，研究人员的目的就比简单地应对危机要宏大得多。他们认为，家中安装的传感器为他们提供了一个机会，可以检测到老年人健康和行为的细微变化，并在小问题发展为大问题之前进行诊断。如果他们能够识别出有跌倒风险的人，他们就可以派理疗师来帮助这些人提高力量和平衡能力；如果他们怀疑住户患有肺炎，他们就可以开始让其服用抗生素和输液。

先前的研究已经表明，走路缓慢且步幅短的老年人特别容易跌倒，因此斯库比克和她的同事为深度感应相机开发了步态监测软

件。他们在老虎之家测试软件时发现[17]，即使是行走速度和步幅的
轻微下降也是跌倒的一种预示。现在，如果系统计算出某人跌倒的
概率超过 85%，工作人员就会收到警报。这正是兰茨希望早在 20
年前她母亲跌倒之前就存在的系统。她告诉我："那样的话，我们
就可以提前三四个星期知道我妈妈会发生这种情况，就可以让她接
受治疗。"

斯库比克的团队还开发了一款液压床传感器[18]，是放置在床垫
下的一组长而柔软的注水管。该传感器监测夜间的不安状态，通过
捕捉心脏和肺的细微运动来测量心率和呼吸。此外，安装在公寓里
的简易运动传感器，可以提供租户日常活动和惯例的线索，比如追
踪他们每次进出房间的时间。

这些传感器共同完成了相当于持续的虚拟检查的任务，如果
它们检测到任何令人担忧的行为变化，就会通知护士。夜间躁动的
突然增加可能表明疼痛，上厕所频率增加可能是尿路感染的早期迹
象。待在床上时间增多的女士可能是感到疲惫或抑郁，半夜开始离
开公寓的人可能处于痴呆症早期。

当护士收到警报时，他们会去和出现问题的人聊聊。莱恩说：
"我们不会进去说'嘿，你昨晚有警报'。但我们会走进去，仔细询
问并建立联系，进而了解他们的感受，确定是否有需要我们注意的
地方。这有点像侦查工作。"

在最近的一个案例中，工作人员收到警报称，一位女士晚上
比平时更加焦躁不安。当一名护士前去查看时，她承认自己睡得不
好，而且手上还出现了一种奇怪的刺痛感。这就引起了护士的警
惕，手部刺痛可能是脱水和电解质失衡的迹象。护士给这位女士的

医生打了电话，医生要求做化验，以确认诊断结果。莱恩说："他们最后通过输液避免了住院治疗。"仅在一个护理轮班过程中，这位女士就在不必离开家的情况下接受了评估、诊断和治疗。

在另外一个案例中，工作人员收到警报称，一位男士在半夜开始在自己的公寓里游逛。工作人员发现他处于痴呆症早期，于是开始为其开展治疗和使用药物，以减缓其病情发展。莱恩说："我可以给你举很多例子，你想听多少？"

该系统已经帮助护士们发现了肺炎、谵妄、心力衰竭、低血糖以及其他问题。它可以在重大健康问题（例如跌倒、急诊、住院）发生之前数周检测出变化——在人们向护士报告症状之前，有时候甚至在他们自己发现症状之前。在 2015 年的一项研究中，研究团队发现 [19]，安装了传感器的老虎之家住户，比选择放弃安装传感器的住户，居住在公寓里的时间长 1.7 年。

老虎之家已经提供了有力的概念验证（proof of concept），团队正努力在其已取得的成就基础上继续建造。斯库比克曾经的一名研究生成立了一家名为"远景医疗"（Foresite Healthcare）的公司，将这项技术投入商业化市场。远景医疗公司已经开发了自己的深度感应摄像机来取代微软的 Kinect，并成功将跌倒检测误报率进一步降低至每 3 个月 1 次。该公司已在多个州的数十家老年人生活设施中安装了该系统⊖。[20]

⊖ 远景医疗公司还开发了一个辅助系统，帮助防止患者跌倒和住院时生褥疮。传感器能检测到患者移动的方式，如果检测到他们正准备下床，护士就可以过来帮助他们。另外，当卧床病人需要重新更换卧室以减轻可能引起褥疮的长期压力时，也会通知护士。

斯库比克和兰茨正在考虑，如何将疾病检测系统应用于私人住宅中。事情并不像看起来那么简单——这是斯库比克在她父母位于南达科他州的家里安装了一个传感系统之后的亲身体会[21]。安装系统之后没多久，她 96 岁高龄的父亲被诊断出患有肺炎。斯库比克发现后，她回去查看了父亲的数据。床上传感器清楚地表明，在过去的 6 个星期里，她的父亲变得越来越焦躁不安。事实上，他的焦躁不安非常严重，斯库比克已经收到了警报，但是她不知道该如何解读，或者说不知道该如何应对。

如果她父亲当时住在老虎之家，护士就会对照他的病历核对警报，并将其与过去收到过的类似警报进行比较，然后亲自去检查。但是斯库比克住在离她父亲很远的地方，而且她是一名工程师，不是护士。焦躁本身并不一定预示着会出现大问题，人们睡眠不好的原因有很多，所以她只是将其归类为普通异常。

斯库比克的父亲最后去看医生，只是因为他 70 多岁的妻子坚持要他去——她知道他看起来和平时不一样。"所以，她基本上在做我们希望传感器系统做的事情。"斯库比克笑着说道。

这次经历很有教育意义。斯库比克告诉我："我的意思是，我已经致力于此长达 10 余年，实际上有 15 年了，但我却不知道如何解读这些警报。我们需要更好地把这些数据转化为有用的信息，我们真的需要把它变得简单点。"

斯库比克和她的同事正努力将那些满是数据的古怪警报翻译成简明的英语。他们正在探索通过商用智能音箱传递信息的可能性，就像亚马逊回声（Amazon Echo）或谷歌家庭（Google Home）这两款智能音箱。斯库比克告诉我："它被设置成一个对话系统，这样你就可以问'我昨晚睡得怎么样?'或'我跌倒的风险有多大?'它还支持家庭成员使用,所以家庭成员可以问'我的母亲昨晚睡得怎么样?'或'我的母亲有跌倒的风险吗?'"

更大的挑战是要弄清楚接下来会发生什么。在老虎之家,护士的路径是很清楚的。但是如果一位年迈的亚历克莎(Alexa)女士独自一人在家中生活,而亚历克莎却告诉她最近睡得不好,该怎么办呢?斯库比克说:"那么问题就变成了'我的问题严重到要去看医生了吗?'或'是不是我只要改变饮食或晚上早点上床睡觉就行呢?'所以,必须有人能够从整体来看待这个问题并为人们提供一些指导。"考虑到大多数医生已经超负荷工作,那么把所有警报都发给相关的医生似乎并不是合理的解决方法,所以,该团队一直在思考其他解决方案,例如,建立可以帮助消费者查看和解读警报的护士或"护理协调员"(care coordinators)网络。

虽然很多老年人对这些技术感到兴奋,但也有一些人表示,这些设备会干扰自己、不可靠,甚至会引发焦虑[22]。并不是每个人都希望自己身体内部运行的那些痛苦细节每天都被罗列在电子邮件里。莱恩告诉我:"他们中有些人说过'我不想看到那个,我不想成为疑病症患者,我不需要知道那个。如果我需要看医生,有人会告诉我的'。"

即使是那些对这项技术持开放态度的人也担心隐私问题。斯库比克告诉我:"他们会说'我觉得让我女儿看到没问题,但我不希望我儿子看到,因为我信不过我的儿媳妇'。他们将其视为自己的数据,我认为这是一个有趣的观点,更是一个令人鼓舞的观点。"虽然跌倒检测摄像机只能拍到身体的轮廓,但有些老年人要求不要把它们安装在卧室或浴室。

这是可以理解的，但是却有利有弊。开发人员限制监视的范围越多，系统错过的信息就越多。当老虎之家的研究人员在私人家庭安装试用了一些传感器系统时，还引起了一些误解。莱恩告诉我："有人打电话说'喂，我跌倒了，但你们这些家伙却没给我打电话'。好吧，那次跌倒发生在没安装传感器的地方。因为他们尽量将跌倒传感器安装在住户感觉最容易跌倒的地方，以及出于隐私考虑住户觉得可以安装的地方。"

同样，其他对采用此技术感兴趣的老年护理机构也并不总是了解其局限性。莱恩说："他们想要它即插即用。"但是想要充分利用它，就需要开展员工培训，通常还需要进行文化变革，承诺减少消极反应，提高积极性。毕竟，这项技术并不是魔法，而且让老虎之家的住户保持健康的也不是传感器本身。莱恩说："我们在这里使用的技术很棒，但它背后仍需要有护士。它只是一款像听诊器一样的工具，帮助我们做出明智的选择而已。"

随着世界各地的工程师开发出各种健康监测产品，这个"工具箱"变得越来越大。一个由来自几所日本的大学的研究人员组成的团队建造了一款浴缸，可以用来对沐浴者心脏的电活动进行无痛测量，可能会检测出心脏病、心律失常和其他疾病[23]。麻省理工学院的一个工程师团队开发了一种可以隐藏在墙壁后面的设备[24]，通过探测微小的胸部运动来追踪心率和呼吸。一些以运动检测器为基础的系统可以监视老年人是否正常服药和饮食[25]，还有智能助手可以提醒患有痴呆症的成年人关门、关水龙头、下雨时关上窗户[26]。甚至还有机器人与家庭健康传感器协同工作，当人们脱水时，它们会提醒人们喝水，人们摔倒时，它们会迅速跑过去[27]。（然后，该跌倒响应机器人会给看护者发信息，看护者可以通过这台机器与住户进行视频聊天。）照顾老人的机器人已经成为日本密集研发的焦点 [28]，因为日本的人口老龄化速度特别快。

一些研究团队正在部署智能家居技术来帮助其他残疾和残障人士。（回想一下，比如，"榜首"公寓安装了一个基于运动传感器的系统，以帮助确保其神经多样性的住户不会偶尔忘记关炉火。）美国退伍军人事务部（U.S. Department of Veterans Affairs）已经开发出一款他们称为"家用认知假肢"（home-based cognitive prosthetic）的产品，以帮助患有可能损害了记忆力、规划能力和解决问题能力的脑外伤的退伍军人 [29]。该系统追踪退伍军人在家里的移动位置和活动，并通过壁挂式触摸屏显示定制的提醒和提示——做早餐、刷牙、吃药或清空洗衣机。

随着计算能力和互联网速度的提高，各种可能性成倍增加，尤其是智慧城市开始收集前所未有的海量新数据。城市正在试验电网，以应对不断变化的电力需求：行人稀少时街灯会变暗；当有空余停车位，需要收垃圾，需要维修道路时，传感器就会发出信号。堪萨斯大学智慧城市研究所主任乔·科利斯特拉（Joe Colistra）说："大数据就像一种新的自然资源，它对城市组织方式的影响就像 100 年前水和电的影响一样大。"

科利斯特拉告诉我，智慧都市还可以提供监测和管理公共健康的新方法。2018 年春季，他邀请我到堪萨斯州的劳伦斯市去看看他的想法 [30]。我们走到一个洞穴状的、木屑味弥漫的仓库后部的角落，科利斯特拉在那里搭起了一座小房子的木框架。这是他的构想的早期原型：标准化的、价格适中的、用预制构件组装的住宅，建筑骨架内装有健康传感器。他说，这些住宅可以在城市里安装数千个。

　　科利斯特拉正在测试他的跌倒检测和步态分析系统，该系统依靠安装在地板下的传感器工作。仓库里很冷，但科利斯特拉脱下他的犬牙花纹运动外套，轻轻地搭在一堆木板上。他告诉我："我们会弄得一身灰尘。"我们倒在地上，在地板上面滑动。木托梁上安装了成排的用来检测施加在地板上的压力的应变仪和测量其振动的加速度计。科利斯特拉说："我们对它们进行了重新校准，以适应脚跟的踩踏力。所以，当你走过地板时，我们可以看到人们的行走方式。"

　　传感器捕获的数据（每秒读取 200 次）通过无线方式发送到云端。科利斯特拉正在与数学家和临床医生合作，看看能否开发出一种算法，不仅能检测到跌倒，还能检测到跛行、震颤、帕金森症、多发性硬化症发作，甚至是糖尿病（糖尿病会导致足部神经衰竭，使步态发生细微变化）。

　　连着线的地板是科利斯特拉设想的一个更大系统的第一部分。他想利用智能镜子来监测痣、牙菌斑、眼睛反射以及可能预示中风的轻微面部不对称。⊖他对使用马桶传感器监测脱水、肾脏疾病和糖尿病的前景感到特别兴奋。他认为，对于那些患有心力衰竭的人来说，智能的、能感应人体含水量的马桶可能成为一个非常有价值的工具，因为这些人必须使用精确计量的利尿剂来清除体内多余的液体。科利斯特拉说："马桶采集的数据可以与自动配药器配合使用，以便立刻调整利尿剂的剂量。那么住宅就变得像一个医疗设备。它在照顾你。"

　　⊖ 这个领域有很多研究正在进行。光学传感器和算法可以检测到皮肤癌，贫血，胆固醇、血糖和心率的升高，压力、疲劳和焦虑，并通过扫描人的眼睛、皮肤和面部发现各种罕见的遗传病。

　　科利斯特拉的梦想是将这些家用工具收集的信息，与智慧城市以及为他们服务的公司所收集的所有其他数据结合起来。他告诉我："如果你知道某个人连续 2 个晚上只睡 4 个小时，开始跛行，而且你可以通过镜子知道他的眼动追踪（eye tracking）功能已关闭，反应时间缓慢，你还通过马桶知道他出现脱水的情况，然后你将这些数据与其他环境条件（比如湿度很高、外面温度接近冰点、人行道上有一些雨水并且开始结冰）相结合，那么你就可以开始精准地预测，此人第二天跌倒的概率高达 99%。所以，其强大之处在于，如果你将这些传感器安装在大约有 1 万人的社区，而且你可以预测出这些人中跌倒概率为 99% 的那一小部分人的话，你就可以联系那些人，大概 10 个或 20 个，或者联系他们的家人，说'您好，您最好明天多加小心，或者最好乘车去杂货店，或让辅助生活机构的经理去看看他们'。"

　　科利斯特拉认为，大量的这种家庭健康数据可以帮助城市官员追踪总体人口的健康状况，并确定某种健康干预措施在哪里能发挥最大的作用，包括主动式设计策略等。他给我举了个例子：比如说，智能地板和马桶的数据显示糖尿病聚集，在某些社区，人们患糖尿病的比例极高，那么研究人员和政府官员就可以共同努力，查明其原因并加以补救。也许这些社区需要更多公园或步道或者经济实惠的杂货店。科利斯特拉说："这可以让你对如何规划城市乃至理想世界，以及如何将资金优先分配给某些社区，产生更加广泛的影响。如果你真的把这些数据用在了恰当的地方，那真是变革性的。"

　　然而，使这些系统如此强大的因素同时也让它们变得危险。系统收集了大量关于我们的身体和我们在家里私底下做的事情的数据。⊖智能家居设备是黑客的诱人目标，即使公司小心谨慎，也无法避免泄露和入侵。至少有一部分用户迟早会发现他们的个人健康数据向全世界公开，这只是个时间问题。

除此之外，智能家居和智慧城市存在的真正风险之一是，我们最终把公共和私人空间都交给了企业，它们可以利用我们的个人数据为自己谋利。而这种情况已经发生了。2018 年 10 月，《纽约时报》报道称[31]，一家智能温度计初创企业把客户的健康信息卖给了高乐氏（Clorox），后者利用这些信息加大了在美国发烧人数激增的地区消毒产品的广告宣传力度。1 个月后，ProPublica 网站透露[32]，帮助睡眠呼吸暂停者夜间呼吸的联网 CPAP 机经常与患者的保险公司共享数据。如果患者没有正确地使用该机器，保险公司可以拒绝支付他们费用。(一些数字医疗公司披露了这样的事实：它们正以令人费解的服务协议条款共享我们的数据，而其他企业则根本不披露这类信息。[34])

最令人烦恼的是，这些产品可能被用来强迫病人接受不想要的治疗。例如，一些精神病学家吹捧智能药瓶是帮助躁郁症与精神分裂症患者按照处方服药的一种方法⊖。然而，如果他们不这么做呢？医生会放弃他们吗？保险公司会提高他们的保费费率吗？

即使我们允许一家公司收集我们的健康数据，这些信息将来会被如何使用也很难预测。数据分析和机器学习正迅速变得越来越复

⊖ 这些数据到底可以多私密，有一个例子可以说明：2017 年，一家加拿大公司就一起集体诉讼达成和解，该公司被指控暗中追踪客户使用其蓝牙连接的振动棒的情况。该公司声称需要这些数据进行"市场研究"。[33]

⊖ 智能药瓶的效果还不清楚。在一项大型的随机对照试验中，研究人员发现，这项技术并没有改善最近心脏病发作的患者的药物治疗依从性（Medication adherence）。[35]

杂，几年后，研究人员、医生和保险公司可能会从我们今天放弃的健康数据中得出全新的见解。换句话说，我们最终暴露的个人信息可能比我们此前商量好的要多得多。在未经同意的情况下，我们的健康数据还可能揭示一些遗传学上亲戚的个人信息。（考虑到有些技术的监测对象，可能是患有痴呆症或其他认知障碍的老年人，那么征求同意这个问题就变得更加棘手。）而且，如果这些系统和产品预先安装在我们的房屋、公寓楼、酒店和医院病房中——实际上，这种情况已经在发生，我们中的任何人真的能退出吗？

除了这些风险外，并非所有人都会从这些技术中收获平等的利益，因为购买、安装和维护这些技术可能会很昂贵。如果这些系统的变革真的能实现，那么它们可能会扩大受教育水平高、收入高的消费者与其他所有人之间的健康差距。这些不平等可能会因系统本身的偏颇而加剧，因为很多系统都是以健康、健全的白人男性的数据为基础的。例如，一些面部识别软件对肤色浅的男性比女性或肤色暗的人的识别更为准确[36]。不难想象，智能健康监测系统可能也是如此，尤其是考虑到我们有多少医学知识来自对白人男性的研究。（斯库比克还注意到，比起老年人的声音，智能音箱对年轻人声音的理解度更高。[37]）

然后还有技术故障。智能温控器调温错误这类故障只是很令人恼火，但当智能家居设备变成医疗设备时，故障可能是灾难性的。米德尔塞克斯大学智能环境研究员胡安·卡洛斯·奥古斯托说："想象一下所有可能出现的问题。也许只是错过了一个重要的线索，而这可能刚好会让这个人陷入麻烦。"

此外，对健康的人进行持续监测以防止他们患上各种疾病，这种做法弊大于利。误报可能会打扰别人，并且破坏人们对该系统的信任，也可能产生更严重的后果。如果智能浴缸错误地提醒沐浴者心率不正常，或者智能镜子错误地把一颗正常的痣归类为"令人担忧"，那它可能会把健康的人送去看医生，进行昂贵又耗时的检查，而其中一些检查本身也会带来健康风险。

我还想知道，把越来越多的任务外包给越来越智能的机器会产生什么社会后果？我们与他人的关系是我们保持健康与幸福的关键因素，我们知道，许多老年人遭受着孤独的折磨，强大的社交网络是帮助他们就地养老的关键[38]。但是，如果智能家居产品将人工护理员挤出市场会怎样呢？科利斯特拉告诉我："我们并没有假装认为这项技术像一颗灵丹妙药。我们仍然认为健康与幸福最重要的部分是社会联系，所以，拥有一个可以让人们相互支持的社区，可能比实际采集某人的尿液或步态数据更有益。"

同样，为帮助提高独立性而设计的技术可能最终会损害独立性。房门警报器和 GPS 追踪器，可能有助于保护患有痴呆症的老年人的安全，但是也破坏了他们的自主性。取得维护自主性与保护安全间的平衡，并确定什么时候侵犯隐私的行为是正当的将会非常棘手。

就奥古斯托而言，他认为许多针对老年人护理市场而开发的产品都是"不人道的"（dehumanizing），是在监督人们在自己家里的行为，并把他们的缺点和弱点告诉其他人。这就是为什么他要采取一种不同的方法。他正在开发一个针对处于衰老早期阶段的成年人的系统[39]，该系统将不太像一个告密者，而更像一位教练。当它注意到用户睡得不好、没洗澡或者没吃饭等用户自己可能都没意识到的变化时，就会直接提醒用户。奥古斯托解释说："它就像朋友一样，提醒他们一些事情或注意一些不那么健康的行为偏差。"然后，该软件会为老年人提供改善睡眠或饮食习惯的建议，或者向他们发送洗澡和吃饭提醒。他说："我们正努力在技术和用户之间建立一种更友好、更值得信任的关系。"

奥古斯托还提出了一套道德准则[40]。他希望开发人员在开发智能家居系统时能够运用这些准则，即智能环境应该"积极造福"用户，应该围绕他们真正想要和需要的东西进行设计，尊重他们的自主性和尊严，让所有背景不同、能力不同的人都可以接触到，能负担得起、可以使用。技术应该可靠、稳定、安全，不应该取代人工护理员。开发人员应向用户说明监测和数据采集的程度，如何使用数据，以及系统的风险、漏洞和局限性。最重要的是，用户应该掌握控制权。他们应该能够保留对自己数据的访问权，决定自己的隐私和数据共享设置，并能够在任何他们想要的时候由自己控制系统或彻底将其关闭。奥古斯托说："我们需要确保技术为用户服务，而不是用户为技术服务。"

随着技术越来越深入地渗透到我们的家中，我们需要的将不仅是道德框架，我们还需要真正的、有力的立法来保护消费者和他们的数据，并约束那些越过界线的开发者的意愿。在过去的几年里，美国一些州效仿欧盟的《通用数据保护条例》（General Data Protection Regulation），通过了一些数据隐私法，出台更加全面的联邦条例的势头正在形成。但即使是现有的法律也不够完善，它们没有跟上创新的脚步。奥古斯托说："它们通常落后于发明技术的人正在做的事情。"

技术无处不在，功能强大。未来的建筑将不只是收集我们的生理数据，还会对数据做出即时回应，不仅成为诊断人员，还成为护理人员。专门研究"适应性建筑"（adaptive architecture）的建筑师兼研究员霍尔格·施奈德巴赫（Holger Schnädelbach）说："你可以拥有一栋积极主动照顾你的健康的建筑。"大约 10 年前，施奈德巴赫开始着手研究他称为"呼吸建筑"（ExoBuilding）的项目 [41]，这是一个小巧的帐篷式结构，会对居住者的呼吸做出回应。当居住者吸气时，织物墙壁会向外膨胀，就好像帐篷是一个充满空气的肺。当居住者呼气时，墙壁会收缩。

施奈德巴赫说："最初，这只是一个不切实际的研究。纯粹是为了在实验中获得乐趣，真的。"但当他让几位大学同事做实验对象进行小规模的试点研究时，他发现人们对"呼吸建筑"的反应出奇得强烈。实验对象说，坐在里面非常放松，看着周围的墙壁随着自己的呼吸收缩和扩张，有一种催眠的感觉。当我在 2017 年年底参观诺丁汉大学（University of Nottingham）的实验室时，施奈德巴赫告诉我："在几分钟内，它就与人们产生了这种奇怪的身体联系。"一位志愿者甚至说，当系统突然关闭时，他感觉自己胸口一震。

不仅如此。他还说："我们很快就发现，人们在这里时还非常明显地改变了他们的呼吸方式，这非常令人惊讶。"他们的呼吸频率变慢，变得更有规律。"呼吸建筑"提供了一种生物反馈的建筑形式，让参与者更加意识到自己的呼吸，帮助他们学会控制呼吸。

这一发现使施奈德巴赫意识到，最初为了乐趣而研究的项目可能会实现真正的应用。在随后的几年里，他在瑜伽室和老年护理机构里安装了不同版本的"呼吸建筑"，他对其进行了改进，并重新命名为呼吸空间（Breathing Space）。施奈德巴赫建议，在未来，可以把它部署在办公空间，作为忙碌的员工的休息场所。

其他研究人员正在设计更复杂的适应性建筑。在 2016 年的一篇论文中，西班牙卡斯利亚拉曼大学（University of Castilla La Mancha）的科学家们概述了一种可以操控我们情绪的智能家居概念[42]。他们的系统将追踪居住者的心理反应、身体动作和面部表情，然后相应地调整灯光和音乐。研究人员写道："最终目的是保持健康的情绪状态。"如果你感到紧张或不安，房子里可能会开启舒缓的音乐和灯光；如果你感到悲伤，它可能会提示选择一些令人愉快的选项。

利用建筑操纵人的心理功能和情绪的前景显然是充满道德风险的。施奈德巴赫说："总有像这样的反乌托邦和乌托邦式构想。"

因此，随着该领域的发展，作为消费者的我们需要为我们想要的未来大声疾呼，要求监管，用我们的钱包投票。虽然我们无法消除所有风险，但其中一些产品具有巨大的潜力，如果负责任地部署，它们可以创造真正的医学成就。奥古斯托告诉我："这是我们仍然有机会做好的事情。"

当我们冲向未来时，建筑提供了一种让我们可以开始掌控自己命运的方式。住宅拯救生命的方式不止一种：我们的建筑需要不断地发展，不仅要利用新技术，还要帮助我们抵御正在地平线上隐现的一些全球性的生存威胁。

第 8 章

漂浮的希望

2017 年 6 月，一个星期四的晚上，一场看似简单的夏季雷雨席卷了安大略（Ontario）南部。雨水又急又猛，在短短几个小时内，低洼地带的部分地区迎来了相当于一个月降雨量的雨水。到早上的时候，河水已经决堤，把地下室变成了游泳池，跑道变成了湖泊。当地政府宣布进入紧急状态。居民告诉当地新闻记者，他们一生中从未见过这么大的洪水，有些人说这是百年一遇的洪水。

这是一次"恰是时候"的气象巧合。就在几天后，当这个地区还在挣扎的时候，来自世界各地的建筑师、工程师和政策制定者们来到了安大略省的滑铁卢（Waterloo），讨论人类如何适应我们潮湿、浸满水的未来，在这个未来，大洪水将成为家常便饭。他们脑海里已经有了一个特定的生存策略：两栖建筑。与传统建筑不同，两栖结构并不是静态的，它们应对洪水的方式就像船只应对涨潮一样，漂浮在水面上。正如一位与会者所解释的那样："你可以把这些建筑想象成弄湿了脚的小动物，在需要的时候可以把自己抬高。"

减少洪水风险的传统方法一直是试图通过修建围墙、防洪堤坝和水坝等方式来阻挡洪水。两栖建筑则代表了一种不同的哲学：其支持者认为我们无法再与洪水抗争，相反，我们必须学会适应它。滑铁卢大学（University of Waterloo）的建筑师兼工程师伊丽莎白·英格利希（Elizabeth English）在主持第二届国际两栖建筑、设计与工程会议（ICAADE）时说："两栖方法表明，需要适应的是我们。"英格利希面容姣好，梳着银色精灵发型，站在一块白板前，宣传会议的一个主题标签"#floatwhenitfloods"（发洪水时漂浮起来）。

洪水是世界上最常见的自然灾害。1995 年至 2015 年间，洪水影响了全球超过 23 亿人 [1]。未来几十年，不断上升的水位将造成更严重的损失。尽管气候变化的精确影响因地区不同而大不相同，但研究表明[2]，我们将看到更严重的暴雨、更强烈的飓风和更频繁的洪水，还会有更多让庄稼枯萎的干旱和令人心悸的高温，野火季也会变得更长、破坏性更大。

这并不是一种遥远的可能性或是遥远的末日未来。这是我们的新常态。安大略洪水之后短短几个月里，飓风"哈维"（Harvey）给得克萨斯州带来了多达 1 524 毫米的降雨量[3]，迫使成千上万人离开家园；飓风"厄玛"（Irma）横扫加勒比海，像一块致命的石头从一座岛跳到另一座岛；飓风"玛丽亚"（Maria）彻底摧毁了波多黎各（Puerto Rico）。季风在印度、尼泊尔和孟加拉国造成一千多人死亡，80 多万房屋受损[4]。塞拉利昂（Sierra Leone）的暴雨引发了山洪和泥石流，造成约 600 人丧生，而尼日利亚的洪水影响了 10 万多居民[5]。破纪录的热浪炙烤着中国和南欧的部分地区[6]，大火吞噬了加利福尼亚，烧毁了 1 012 万平方千米土地[7]。

欢迎来到干旱的日子、野火时代、倾盆大雨的年代。除了明显的直接影响，生命的丧失和基础设施的破坏——这些极端事件还可能完全破坏社区和社会稳定、破坏生计、破坏农业、引发大规模移民并留下深深的心理伤痕。（多达 40% 的灾难受害者患上了创伤后应激障碍。[8]）

气候变化是一个紧急的存在性问题，需要全面的大规模解决方案，包括迅速摆脱化石燃料的使用。但是，即使我们今天停止碳排放（剧透警告：我们不会），我们也需要去适应已经创造的这个新世界。这就意味着，在某种程度上，我们要设计出恢复力更强的建筑结构，能够经受大自然的任何挑战。恢复力强的建筑可以挽救生命、减轻人类的痛苦，减轻迫在眉睫的灾难的最严重影响，帮助我们更快地恢复元气。轻轻地踏在我们这个拥挤的星球上，充分利用我们日益减少的资源，这些建筑中最好的那些特点或许可以帮助我们避免未来的灾难，保卫我们在动荡的未来生存下去。

伊丽莎白·英格利希一直致力于研究自然界中一些最具破坏性的力量[9]。在普林斯顿大学获得建筑与城市规划学士学位后，她去了麻省理工学院学习土木工程。她写了一篇关于风的论文，利用校园的风洞研究风是如何影响不同类型的建筑的。1999 年，她搬到了路易斯安那州，在新奥尔良（New Orleans）生活了几年，在杜兰大学（Tulane University）教书，然后转到路易斯安那州立大学（Louisiana State University）的飓风中心开展风载碎片轨迹的研究。

2005 年，在她开始在新奥尔良工作后不久，飓风"卡特里娜"（Katrina）袭击了墨西哥湾沿岸。暴风雨的高速风浪掀翻了建筑物的屋顶，把碎片扔进窗户，但真正让英格利希震惊的是洪水。她说："卡特里娜飓风主要是水事件，而不是风事件。"新奥尔良的许多社区都处于海平面以下，有防洪堤和防洪墙保护。但是，当飓风席卷这座城市时，这些防御设施遭受了灾难性的破坏。该市 80%的地区被淹，一些社区被淹没在 6 米深的水中。虽然确切的伤亡人数还不确定，但据估计，这场风暴已经造成近 2 000 人死亡，其中大部分在路易斯安那州。飓风破坏了新奥尔良 70% 以上的房屋，迫使该市 45 万居民几乎全部撤离。许多人再也没回来[10]。

那些返回的人面临着巨大的重建挑战。由于新奥尔良在未来的风暴中仍然很脆弱，联邦政府建议居民永久地把房屋建在加高的地基或支柱上。这种方法不太合英格利希的心意。她告诉我："我开始研究所有洪水造成的破坏及其导致的社会混乱，并对当前提出的解决方案中文化敏感性的缺失感到非常愤怒。"

英格利希担心，将城市低矮的散弹式房屋升到空中会破坏社群意识，使居民与邻居和路人交谈变得更加困难。房屋升高将使居民无论何时出入家门都得走一段台阶，这对老年人和行动不便的人来说又是一大挑战。英格利希说："人们不想往上搬。从视觉上看，这彻底破坏了社区的完整，所以，必须要有更好的办法。"

她在荷兰发现了更好的办法。那里的开发商在马斯河（Maas River）沿岸的一个洪水易发区建造了一组两栖住宅。"两栖住宅"这个概念并不是全新的，世界上有一些社区，包括秘鲁贝伦（Belén）的居民（一个贫困地区，有时被称为"拉丁美洲的威尼斯"）已经设计了两栖避难所，洪水泛滥时这些避难所会从地基上升起[11]。但在21世纪初期，由荷兰设计师和开发人员组成的团队，开始着手使这种方法更加主流化。他们的房屋建在空心的混凝土盒子上，盒子与巨大的钢柱相连。洪水暴发期间，这些盒子可以像船体一样，提供浮力。当水上升时，建筑物也会上升，滑上柱子，浮在水面上。洪水退去时，这些房屋会下降到原来的位置[12]。

英格利希认为，这是一个优雅的解决方案，但并不完全是她想要的。建造空心地基是一项巨大的建筑工程，英格利希想要为新奥尔良人提供一种既廉价又简单的方式来改造他们现有的房屋。2006年，她创建了一个名为"浮基项目协会"（Buoyant Foundation Project）的非营利性组织，并开始与一群建筑与工程专业的学生合作，设计一种用两栖地基改造当地房屋的方法。

其中一名学生向英格利希讲述了一个故事，故事发生在拉库尔奇古河（Raccourci Old River）岸边的一个偏远的路易斯安那社区，拉库尔奇古河是一条长 19 千米的牛轭湖，与密西西比河相连。这名学生家里有一所房子位于该地区，春天密西西比河涨水时，这里经常被洪水淹。几十年前，一些当地居民临时搭建了自己的两栖房屋 [13]。

英格利希的学生在春天发洪水的时候带她去了那个地区。他们乘船游览了这个社区，看到了数十处房屋，以及当地的餐馆和鱼饵店，它们都漂浮在水面上，完好无损。英格利希回忆道："这真是太棒了！是南路易斯安那的独创。"

英格利希邀请了包括戴维·巴迪·布莱洛克（David "Buddy" Blalock）在内的几位当地居民去 ICAADE 描述一下他们设计的系统，但是就在会议召开之前不久，布莱洛克打电话说拉库尔奇古河又发洪水了。英格利希告诉我们："他给我打电话说'你知道吗，我不能来了。我现在离地面约 2.4 米高，而且洪水在 2 周内应该不会下降'。"

最后，布莱洛克通过视频电话参加了会议，他坐在自己的漂浮屋里，分享了他的故事。1983 年，他最初搬到拉库尔奇古河地区时，曾住在一辆小拖车里。但每次发洪水时，他都得搬家，拖着他的拖车穿过附近的防洪堤，直到洪水退去。那些年洪水还不那么频繁，但这种反复还是让他深受折磨。布莱洛克告诉我们："我对此感到厌倦。我想，我得想想其他办法。我开过很多次帆船，也划过很多次船。我想'为什么我不给自己造一条船，然后住在船上呢？'于是，我就这样做了。" [14]

布莱洛克给自己建造了一座房子，实际上相当于一个箱筏，将建筑抬高几米，并在其底部安装泡沫浮力板。他将金属杆插入他家周围的土壤中，在每根杆上都套上一个中空的金属套，然后把每个金属套都焊接到房屋的框架上。每年春天，当洪水上涨时，这些金属套及房屋都会沿着杠向上滑动，水退下去后再向下滑回去。

大多数居民在洪水刚来时就撤离了该地区，但是布莱洛克喜欢留在原地，在他的漂浮屋里等待这个季节结束。他说："我一直在这儿，待在洪水之上，我曾经浮在约 3.5 米深的水上。"[15] "也有过水浪冲进我家门廊的经历，"他补充道，"浪真的可以累积到一两米高，使房子摇晃得厉害。但是它不会吱吱作响，也不会移动位置。门不会卡住，橱柜门也不会打开。"房子在洪水中很稳，连一块玻璃都没碎过。

当英格利希第一次见到巴迪的房子时，她知道她终于找到了一直在寻找的东西。一座典型的新奥尔良盒式住房坐落在地面，停靠在矮墩上，英格利希觉得她可以将一个钢架固定在房子的底部，并在框架上固定一组泡沫浮力板，使房子具有两栖功能[16]。她没有在房子上焊接金属套，而是把金属架连接到埋在房子角落附近的可伸缩的导向杆上。在洪水期间，浮力板会使房屋漂浮，导向杆会伸长，使房子上升到矮墩上，而不会漂到大街上。（当房屋上升时，长长的、盘绕着的水电供应管道会展开，而自动封口的分离阀门将自动关闭下水道和天然气连接。）

英格利希和她的学生建造了该系统的雏形，并在 2007 年夏天进行了测试。他们从农业学院借来一些牲畜栏，在他们的样板房周围搭建了临时的防洪箱，直接从密西西比河里抽水。防洪箱蓄了 60 厘米深的水，然后 90 厘米、120 厘米。慢慢地，房子开始上升。英格利希回忆道："当它升起来时，简直是一种宗教体验。"当他们停止抽水时，房子已经在距离矮墩 30 厘米高的地方盘旋了。

英格利希告诉我，2 个手比较巧的人不用使用重型设备就可以安装这个系统，每平方米的价格在 10 ～ 40 美元不等。这是一个自下而上的解决方案，使房主处于掌控地位，无须依赖政府的重大投资。它使建筑物的外观和结构几乎保持不变，比起永久抬升，这种做法既便宜，恢复性又强。永久抬升会使建筑物更容易受到风的摧残。而且它还是动态的，可以根据洪水的不同程度进行调整。英格利希说："这也不是一个万能的解决方案。"她指出，在面对高速水流或海浪等极端天气时，该系统无法提供防护。"但是在某些情况下，这是一个极好的解决方案。"

这种方法是利用而不是试图阻止洪水的自然循环。尽管周期性洪水对人类来说可能是灾难性的，但是它们对生态也有一些好处，包括补充含水层、重新分配沉积物、补充土壤中的养分等。这项技术还彻底改变了水的形象。"有了两栖建筑，水成了你的朋友。"英格利希说道。她还指出，是水把人们送到了安全的地方。"水做了自己想要做的事情。这不是在与大自然对抗，而是对大自然的接受……如果你现在与大自然对抗，最终你一定会输。"

英格利希对这种方法如此着迷，于是她开始思考河口以外的问题，以及将两栖建筑带给世界上一些最脆弱的人。气候变化的危害分布不均，贫困、弱势和边缘化社区将首当其冲 [17]。这些人往往居住在最不理想的土地上，而"气候变化的贵族化"进程正夯实了这一趋势的继续。在美国受海平面上升威胁最大的城市之一迈阿密，地势较高的房屋变得越来越值钱，随着这些房产价格的上涨，低收入居民将越来越多地被推到更危险、更低洼的社区 [18]。

许多生活在贫困之中的人无法承担房屋的防灾费用，或者无法在风暴来袭时撤离。他们常常要在灾难过后苦苦挣扎才能重新站起来。贫困家庭不太可能有保险，而且往往可以用于重建生活的资产更少、更单一。他们拥有的政治权力也更少，可能无法获得社区和政府的资源。由于这些情况，气候变化以及与之相关的极端天气已经引发了加剧不平等的恶性循环。⊖

卡特里娜飓风将这些差距暴露无遗[19]。新奥尔良市许多最贫困的居民无法撤离，因为他们没有汽车，也没有安全的地方可去。风暴过后，很多低收入家庭的住房贷款申请遭到拒绝，该市的富裕社区比贫困社区恢复得更快。

英格利希认为，浮式地基可以帮助脆弱的人们安然度过洪水，使其遭受的损失更少，并在洪水退去后更快重建生活。在某些情况下，它们可能有助于保持社区的完整性，甚至可以防止人们被冲出自己的祖宅。

在开发出第一个系统雏形之后的几年里，英格利希与让·查尔斯岛（Isle de Jean Charles）的居民一起工作，那里是新奥尔良西南部的一片狭长的土地。在过去的两个世纪里，比洛克西 – 基蒂马察 – 乔克托部落（Biloxi-Chitimacha-Choctaw）的成员一直生活在这座岛上，种植玉米和小麦，从河里捕捞鱼类和牡蛎[21]。

然而这座岛确实正在他们脚下消失，在海平面上升与陆地下沉的共同作用下，自 1995 年以来，让·查尔斯岛已经萎缩了 98% 以上。频繁的洪水和风暴迫使很多人离开该岛。部落首领一直希望重

⊖ 斯坦福大学的两位科学家在 2019 年的一篇论文中总结道，气候变化已经让贫穷的国家变得更穷。[20]

新安置整个社区，让分散的部落成员重新团结起来，但是这个过程一直缓慢又复杂，而且充满政治问题。

到 2010 年英格利希开始与当地居民商议时，岛上只剩下 26 座房子。其中 19 座已经架在高桩上，英格利希和她的同事制定了将剩下的房屋变成两栖屋的计划。但在英格利希实施这些计划之前，当地政府给予了该社区 4 800 万美元的搬迁资金。英格利希告诉我：“我意识到他们的处境非常糟糕，两栖房屋只是一贴创可贴而已。我不想干扰他们继续做他们需要做的事情。”

从路易斯安那州立大学转到滑铁卢大学后，英格利希开始与原住民社区合作，他们的保护区遭受了洪水的威胁。另外，她和她在浮基项目协会的同事，还为尼加拉瓜和牙买加遭受洪水威胁的低收入地区绘制了两栖房屋原型，为了使用可持续材料并满足当地需求，他们对概念进行了调整。尼加拉瓜的《两栖之家》（Casa Anfibia）设计方案，呼吁使用当地种植的碳足迹低的竹子建造房屋，并将泡沫浮力板替换为可回收的塑料桶。其特色是具有一个大型环绕甲板，居民可以用来保护他们的猪和鸡，免受不断上涨的洪水的伤害[22]。

2018 年，浮基项目协会改造了越南湄公河三角洲地区的一些住宅。（在一则关于该项目的短视频中，英格利希带着她的当地合作者们欢呼雀跃：“二、四、六、八，我们都该两栖！”）英格利希告诉我，这些房屋在随后的季风季节“表现出色”，该团队目前正在寻找资金，以便扩大项目规模[23]。

无论是在路易斯安那还是在越南，他们的目标都不是要把所有住宅都建成两栖的，而是为了证明这种方法是可行的，然后为房主提供他们自己进行改造所需的资源。英格利希说："我们参与进来，向他们展示这是一种可能性，既便宜又容易，他们可以自己动手。"

两栖建筑如雨后春笋般出现在各地，从英国——巴卡建筑公司（Baca Architects）最近在泰晤士河的一座岛上建造了一栋 3 居室的浮力屋，到孟加拉国——在那里，英格利希的一个学生设计了一个可持续的、经济适用的住房，靠 8 000 个空塑料水瓶提供浮力。ICAADE 的一位与会者提出了在泰国建立两栖诊所的概念，另外一位与会者宣布，他开发了一种新型的多孔混凝土，非常适合做浮基。

（一些设计师和工程师正提议，与其建造两栖建筑不如直接建造水上建筑，设计成永远漂浮在水上的建筑。在世界各地的水域，船屋和漂浮村庄早已存在，从阿姆斯特丹的运河到柬埔寨的洞里萨湖（Tonle Sap Lake），但这些设计完全不同。在 ICAADE，有一项提议是建造漂浮的高层建筑，其中塔楼的升降会产生电力，另一项提议是漂浮的奥林匹克运动会，所有赛事都举办在坐落于公海上的场馆里。荷兰一家名为"水上工作室"（Waterstudio）的建筑公司已经设计了漂浮的住宅、餐馆，以及高尔夫球场、水疗中心和清真寺[24]。2019 年，Oceanix 公司宣布，计划建造一座完全自给自足的漂浮城市，占地 75 万平方米，可容纳 1 万居民。[25]）

不过，两栖结构更多的只是人们的一种好奇，而不是真正的建筑潮流，也许是因为其前提条件并不十分直观。当英格利希刚开始把自己的想法告诉别人时，经常遭到嘲笑。而最大的障碍则更加平淡无奇。在美国，联邦法律要求居住在高风险泛洪区的大多数房主购买洪水保险，但是具有两栖地基的建筑不符合国家洪水保险计划（NFIP）提供的补贴政策[26]。2007 年，负责管理 NFIP 的联邦紧急事务管理局（FEMA）的一位官员，敦促英格利希不要再发布关于浮基的更多信息，并表示 [27]，允许使用浮基的社区会"损害"他们在 NFIP 的"良好声誉"。

当我在 2017 年联系 FEMA 时，一位发言人告诉我，该机构认为还需要做进一步研究。该发言人说："尽管两栖建筑技术正在发生变化，但这些系统引发了一些有关工程、泛洪区管理、经济及应急管理方面的问题。依赖于机械过程的技术所提供的防洪保护，与永久性抬高建筑所提供的安全保护不可等同。" [28]

谨慎是对的，但是不断变化的气候越来越需要创新方法来应对。2017 年春季洪水泛滥时，他们在古河上划船，巴迪·布莱洛克告诉英格利希："我们还会做更多这样的事情。"然后又补充道："这里没有多少人不相信气候变化。"

英格利希不会放弃。她获得了加拿大国家研究委员会（National Research Council）的资助 [29]，用于测试一些新的原型，并为两栖建筑制定设计指南。她能感觉到人们对两栖建筑的看法开始转变。英格利希说："我会遇到有人来对我说'我以前从未听说过，这真是个好主意。我怎样才能在我的社区里这么做呢？'人们不再嘲笑我了。"

当然，我们无法通过设计摆脱气候变化。建立恢复力强的邻里、社区和社会将需要改进风险勘测、预测和早期预警系统，制订完善的疏散计划，保护绿地，投资社区系统和应急服务，扩大保险覆盖面，促进多样化的地方经济发展，加强社会联系，巩固社会保障体系，最终解决贫困的根本原因。有些地方我们可能需要干脆放弃。但是，恢复力强的建筑产生的效果可能也有大灾难与小灾难、是灾难还是不便之分。

恢复力的效果因地区而异，很大程度上取决于地理位置和气候。洛杉矶或俄克拉何马城的居民要防范的危险种类与新奥尔良的居民不同，因此，建筑师们正在考虑建造能够抵御各种不同灾难的建筑结构。在密苏里州的乔普林市（Joplin），Q4 建筑事务所设计了一款防龙卷风的房屋，将传统房间环绕在一个坚不可摧的核心周围，在龙卷风过去之前可以用作避难所[30]。总部位于北卡罗来纳州的德尔泰克家园公司（Deltec Homes）建造了具有空气动力学特征的车轮状房屋，旨在抵御飓风级强风[31]。在以领先的抗震设计而闻名的日本，连摩天大楼都被设计成抗震的，这要归功于减震器、缓冲器和特氟龙（聚四氟乙烯）涂层轴承。

恢复性设计不必太过激进。包括新奥尔良和波士顿在内的一些洪水易发地区，那里的医院正在重新考虑其布局以防范未来的风暴，将行政办公室设在较低的楼层，将最关键的区域，比如病房和机械系统，移到较高的楼层。此外，更新建筑规范（因为很多建筑规范都是建立在迅速过时的历史气候模式基础之上的）及严格执行既定规范可以挽救无数生命。（2017 年墨西哥城的一场大地震造成数百人死亡后，一群调查记者发现，一些开发商悍然违反了当地的建筑法规。[32]）

尽管恢复力与特定环境联系密切，但也往往与可持续性息息相关。自然灾害可能会破坏电力和供水，建筑师越来越重视所谓的"被动生存能力"（passive survivability），创造出即使在这种极端情况下也能居住的建筑。由于隔热性良好或依靠自然光和自然通风，这些建筑通常对能源要求较低，还可以利用其他替代能源，比如太阳能。

弹性化设计可以防御，可持续的环保建筑不仅可以帮助我们在一个被气候变化改变的世界中生存，还能减轻其最坏的影响。典型的现代建筑消耗了大量能源。为了盖一栋新楼，必须要提取并精炼原材料、生产和运输零部件、组装和固定建筑结构。仅建造一栋新的独栋住宅[33]，每平方米就会产生大约 20 千克的垃圾，而自 20 世纪 50 年代以来，典型的美国住宅面积已经翻了一倍多。建筑运营及维护会产生更多的垃圾，也需要大量的水和能源。全世界全部能源使用量的三分之一以上以及与能源有关的二氧化碳排放量的 40% 要归责于建筑的建造和运行[34]。

应对气候变化需要减少建筑物的生态足迹，而建筑师、开发商和房主对建造步履轻盈的建筑越来越感兴趣。绿色建筑是一个蓬勃发展的产业，从 LEED 到生存建筑挑战（Living Building Challenge）等可持续评级体系和认证项目已经迅速激增。政府正在向那些采取环保措施的开发商提供财政激励，一些消费者也特意在缩小自己的生活规模，搬进小房子，重构"微型公寓"。

通过精巧的设计，我们甚至可以设计出给予我们回馈的建筑，就像"正能量"结构一样，产生的能量比消耗的多。西雅图的布利特中心（Bullitt Center）被称为"世界上最绿色的办公楼"[35]，它就做到了这一点，这要归功于楼顶排列的 575 块太阳能电池板。该建筑还能把雨水汇集到地下室的一个巨大的蓄水池里。水经过过滤和处理，可以用来满足建筑物的用水需求。该建筑的水槽和淋浴器里的废水经过清洁处理之后被泵回到地下，补充当地的含水层。厕所的污水排到建筑物的地下室，在那里被转化成堆肥。

主要由斯堪的纳维亚公司组成的财团 Powerhouse 正在设计一系列"正能量"的学校、办公室和酒店，而谷歌的姐妹公司"人行道实验室"（Sidewalk Labs）则要在它正在多伦多开发的高科技智能社区里创建一个完整的"气候积极型社区"[36]（climate positive community）。为了实现这一目标，该公司计划采用一系列绿色技术，包括最先进的太阳能和地热能集成电网、数字化暴雨管理、智能垃圾槽以及废弃物运输收集机器人[37]。

这些引人注目的项目往往会得到很多媒体的关注，但弹性化设计并不需要很高的预算或先进的技术。早在人们想到 LEED 或智能电网之前的几百年里，人类就已经能够巧妙运用自然资源，并能与他们的环境完美契合，建造可持续建筑结构。极寒地带会在冬天使用厚厚的积雪和草皮保暖。沙漠社区则建造又高又密集的建筑，使居民免受烈日的炙烤。热带地区的人们通过茅草和椰子叶制成的高架房屋来促进空气流通，捕捉凉风。一些飓风多发区的居民竖起了带有圆锥形屋顶的圆形小屋，这种屋顶有助于避开高速的大风[38]。地震活跃区的一些居民居住在能够抵御地震的洞穴式住宅中[39]。这些传统的建筑实践，以数百年来辛苦积累的文化知识为基础，可以帮助我们创建一个世界，在这个世界里，安全又可持续的家并不是奢侈品，而是一种人权。

想象一下，所有人都可以居住在经济实惠、恢复力强的住宅里，这样的愿景就坐落在高高的莫哈韦沙漠（Mojave Desert）中位于洛杉矶东北部的一小块沙地上。我于 2018 年 3 月的一个星期六的清晨出发，沿着圣盖博山脉（San Gabriel Mountains）蜿蜒而行。当我下山时，加利福尼亚州希斯皮里亚市（Hesperia）被烤成褐色的景观映入眼帘。我来到没有枫树的枫树大道（Maple Avenue），又来到没有柳树的柳树大街（Willow Street），路过希斯皮里亚高中

（Hesperia High School）（蝎子之家），来到槲树巷（Live Oak Lane），你猜对了，没有槲树，我来到了一个小型住宅区，那里有一排排棕褐色的二层小楼。路的尽头就在该住宅区的另一边。在那里，在沙子和沙漠灌丛中，小小的土制圆顶点缀着沙漠景观，像奇怪的土坯圆顶屋拔地而起。

这是救灾慈善机构和教育性质的非营利性组织加州土造艺术与建筑学院（CalEarth Institute）的非凡建筑，该机构教人们如何就地建造恢复力强的可持续住宅。虽然那个早晨异常寒冷，阵阵狂风和乌云在头顶叫嚣，仍有 100 多人裹着外套，戴着帽子，驱车来到这片沙漠，纪念加州土造艺术与建筑学院的创始人纳德·哈利利（Nader Khalili）逝世十周年。

哈利利 [40] 于 1936 年出生在德黑兰一个贫穷的家庭，家里有九个孩子。在决定去美国碰碰运气之前，他学习了波斯文学和建筑学。1960 年，他带着一个背包、一本波英双语词典和 65 美元来到旧金山。在那里，他从事了一系列零碎的工作，在将"股票市场"（stock market）误译为"买卖牲畜的地方"后，他穿着最脏的工作服去了金融区当临时工，最终被培训成一名绘图员，并成为一名注册建筑师。

他在洛杉矶和德黑兰都建立了业务实践基地，在这两座城市间往返数年，从事高预算的城市项目，如高层公寓楼和庞大的停车场等。后来有一天，他带着 3 岁的儿子达斯坦（Dastan）去了公园（这已经成为一个广为传颂的家族传奇故事），在那里，一群当地的孩子正沿着林荫道赛跑。哈利利的儿子是这些孩子中年岁最小的，他很热情地参与到比赛当中，但最终还是失败了。哈利利在回忆录里写道："我的小儿子到达起点比其他人都晚，在第四轮的时候气喘吁吁地来到我面前，眼泪汪汪地说'爸爸，爸爸，我想一个人比赛'。"[41]

哈利利鼓励他儿子与自己竞赛。他写道："这次，他抵达的时间比之前更晚，但他很高兴，还给了我一片他在途中找到的黄叶。他很享受他的比赛，有足够的时间找到一片叶子，最重要的是他是第一名。是的，我在心里想，自己和自己比赛是一种乐趣。"

看着儿子时，哈利利想到了自己的人生选择。他厌倦了不断膨胀的预算、越来越高的塔楼及被钢铁和玻璃统治的天际线。他想做一些接地气的事情，用天然材料为最需要的人建造家园。哈利利的女儿谢夫特（Sheefteh）说："他真正想做的是为建造避难所找到解决方案。"

晚上有一个安全的地方睡觉是一项基本人权。一名联合国官员在 2016 年的一份报告中写道[42]："生命权不能与获得安全居所的权利分开。"然而，全世界仍有十亿多人居住在不合标准的住房中，还有一亿人无家可归[43]。

在 20 世纪 70 年代中期，正值哈利利重新思考职业生涯之时，这些数字虽低，但也相当可观。地球上有数亿人需要安全、有保障的家[44]。哈利利想要为他们提供这样的家。1975 年，他关闭了自己业务，骑上摩托车，驶进了伊朗的沙漠。数千年来，当地村民用泥土建造房屋，把泥土和黏土晒干制成砖。哈利利被用泥土建造房屋的可能性所吸引，他开始思考新的方法，可以把泥土变成坚固又经济实惠的房屋。

哈利利于 1980 年回到美国，他开发了一个系统[45]，后来称之为超级土坯（Super Adobe），来诠释土袋建筑（earthbag construction）

的实践活动。他在沙袋里装满湿润的土壤，然后把这些沙袋摆在地上围成一个大圈。在沙袋上面铺一层带刺的铁丝，然后再铺一层装满土壤的沙袋，这层围成的圈比下面那层稍微小一点。然后继续这种操作，把沙袋和带刺的铁丝轮流叠放，直到形成一个完整的圆顶。这些带刺的铁丝实际上相当于魔术贴，将其小齿嵌入沙袋，把它们固定住。整个圆顶可以再涂上一层灰泥，以保持建筑结构的长久性。

圆顶并不是设计中偶然形成的，而是至关重要的部分。与传统的盒子状房屋相比，圆顶结构使力量分配更均匀，天生就很坚固。而且还符合空气动力学原理，结构紧凑，底座比顶部宽，重心较低，摇晃或倒塌的可能性较小。发生地震时，哈利利想象他的圆顶像一个倒置在桌子上的碗。碗或许会随着桌子的摇晃而滑动，但他希望不会倒塌。$^{\ominus}$他写道[46]："地基被埋在地下，但房子是和它分开的，自由地坐在上面，任由大地在底下来回震动。"

哈利利在整个 20 世纪 80 年代都在尝试这些概念。1991 年，他在莫哈韦沙漠买了 2 800 平方米沙地，建立了加州土造艺术与建筑学院，作为他的工作室。当地建筑官员对他用沙袋建造房屋的计划表示怀疑。两位希斯皮里亚的规划官员在行业杂志上写道："事实上，要不是我们接受过训练，要求我们彬彬有礼，我们可能就大声笑出来了。"但是，超级土坯结构以优异的成绩通过了地震测试。

　　$\ominus$　哈利利并不是第一个发现圆顶好处的人。许多土著人长期以来一直建造圆顶形状的庇护所，在 20 世纪 40 年代，建筑师华莱士・内夫（Wallace Neff）开始使用巨大的喷上混凝土的气球来建造"泡泡屋"（bubble homes）。1954 年，建筑师和发明家巴克敏斯特・富勒（Buckminster Fuller）申请了网格球顶（geodesic dome）专利，这是一个由重复的小三角形组成的球体。尽管富勒有狂热的粉丝，但圆顶建筑仍然是一种小众的建筑风格，尤其是对私人住宅而言。

官员们写道[47]:"结果大大超出了规定的测试限度。"建筑还没失灵，测试机先失灵了。

多年来，哈利利完善了他的技术，并于 1999 年申请了专利[48]。他发现，可以把空沙袋先摆好，然后再填满，这是一项突破，人们不必再抬起沉重的沙袋，也就意味着即使小孩子也可以帮忙建造超级土坯圆顶。"如果你能搬得动一咖啡罐土壤，你就完全可以参与这项工作。"谢夫特·哈利利说道。她父亲 2008 年去世后，她和哥哥达斯坦接管了加州土造艺术与建筑学院。

谢夫特·哈利利解释说，一个非专家小组可以在一天之内学会这个方法，第二天就可以建造一个基本的单室圆顶，这使得超级土坯结构成为解决救灾住房问题的一个好办法。该技术无论在材料还是工艺上都是可持续的，需要的只是我们脚下的土壤——可以就地取材，以及我们自己的双手而已。填满泥土的沙袋使建筑结构既防火又防洪，还隔热。(相对于它们所围合的空间的规模，圆顶的表面积最小，所以本质上是节能的。)

超级土坯是多功能的，可以用来建造不同大小的圆顶以及拱顶——一种带拱形天花板的狭长房间，就像平放着的半个水桶。单个圆顶和拱顶还可以连在一起形成大型的多居室住宅。谢夫特·哈利利说:"而且很酷的一点是，它还能适应当地的文化和气候。"沙袋里可以填充几乎任何材料，连火山灰或垃圾填埋场的垃圾也可以。

超级土坯的第一次实际应用是在第一次海湾战争之后，当时联合国开发计划署(United Nations Development Programme)聘请纳德·哈利利为伊拉克难民营设计 14 间避难所[49]。他对联合国工作人员进行了技术培训，随后他们再去培训难民，这些难民在不到 2

周的时间里建造了避难所，每间避难所足以容纳 5 个人，而只需要
621 美元的材料。哈利利在内心深处是个哲学家和诗人，在使用超
级土坯为逃离政治冲突的人们提供庇护的过程中，他看到了诗意。⊖
于是写道[50]："沙袋和带刺铁丝网这些战争材料，成为和平的基石，
帮助难民抵抗战争和自然灾害。"

在我拜访加州土造艺术与建筑学院期间，我参观了该机构的
"紧急避难村"（emergency shelter villages），由一群简单的超级土坯
圆顶组成，可以在灾难发生后迅速搭建。石径在不同泥土色调的圆
顶之间蜿蜒。这些避难所很简陋，只有一个房间和一些小的舷窗，
地板上铺着一两块波斯地毯，但厚厚的墙壁让人觉得既坚固又结
实。外面，风在呼啸，但是圆顶里温暖又安静，让人感觉很舒适，
像子宫一样安全。

在其中一座村庄的尽头，有一个很小的泛红色圆顶，看起来像
大号的蚁丘。这是海地 1 号（Haiti One），是加州土造艺术与建
筑学院的工作人员在 2010 年大地震袭击加勒比岛后设计的。地震发
生后，加州土造艺术与建筑学院的一个团队飞到海地采访了一些幸
存者，他们住在临时搭建的帐篷区。谢夫特·哈利利告诉我："只
要有难民营，他们都会临时建起帐篷区，结果发现它留在那里很
多年。"⊜

因此，她和她的同事询问流离失所的海地人，什么样的避难所

⊖ 哈利利受 13 世纪波斯诗人鲁米（Rumi）的影响特别深。他出版了多本鲁米作品
的译本，并从鲁米的诗句"智者之手可以以化土成金"（earth turns to gold in the
hands of the wise）中找到了灵感。

⊜ 她是对的。地震过去 5 年后，近 8 万海地人仍然住在本应作为临时居所的帐
篷里。[51]

才能让他们长期感到安全。她说："其一，它必须能抵御飓风的侵袭，而帐篷会被冲走。其二，他们希望能把孩子留在家里，这样他们就可以出去找工作，所以需要有一扇能上锁的门。"加州土造艺术与建筑学院的工作人员根据他们听到的情况，设计了一种新型灾后应急居所的原型：一个 30 厘米高的圆顶，有 3 个角，一个用来睡觉，一个用来做饭，一个用来储存东西，还有一扇由回收的装运箱制成的可以上锁的门。

尽管纳德·哈利利的初衷是为穷人、无家可归的人和流离失所的人提供住所，但他相信，对于任何有兴趣创建可持续抗灾住宅的人，甚至南加州的富有居民而言，超级土坯都是一个不错的选择。谢夫特·哈利利告诉我："多年以来，人们会从洛杉矶过来，而且，你知道的，他们都非常有环保和可持续发展意识。然后他们会像这样说'是的，这一切都很好，但是你知道吗，这一点也不适合我。我不会住在像这样的小屋里'。"

于是，纳德·哈利利建造了"地球 1 号"（Earth One），一栋 186 平方米的三居室超级土坯房，由九座相连的拱顶结构组成。这栋房子位于加州土造艺术与建筑学院的园区里，家具齐全，还有舒适的编织毛毯和五颜六色的枕头。里面配备了现代化设施，包括管道设备、中央供暖和空调、一个正常运转的壁炉、一个开放式厨房和一个可容纳两辆车的车库。谢夫特·哈利利说这是"美国梦式的家，一切都是用那片土地上的土壤建造的"。（当然，如果我们真想成为可持续的社会，那么我们需要加大对公共交通的投资，设计更多适合步行的社区，这样每个家庭就不需要两辆车了。）

加州土造艺术与建筑学院每月都会举办开放日活动，并为那些有兴趣建造自己的超级土坯建筑的人举办周末培训班和长时间的学徒培训。谢夫特·哈利利说："我们工作的核心是赋予个体力量。我们向那些连铲子哪端是末端都不知道的人展示，他们可以在两天内建起一个避难所。"有些学员最后还会自己开培训班去教别人，传播超级土坯的信息。

现在大约有 50 个国家有超级土坯建筑，包括委内瑞拉、马达加斯加、澳大利亚、匈牙利、加拿大、阿曼、印度、塞拉利昂和日本[52]。有些已经经历了灾难并幸存下来。2015 年，尼泊尔一所拥有 40 座超级土坯圆顶的孤儿院经历了 7.6 级地震，结果只有外墙的灰泥有几处裂缝，而附近其他房屋都倒塌了[53]。据报道，在波多黎各，由加州土造艺术与建筑学院培训班的校友建造的两个超级土坯圆顶建筑在"玛丽亚"飓风中仍保持完好无损[54]。

2017 年 12 月，当时加利福尼亚州历史上规模最大的火灾"托马斯大火"（Thomas Fire）席卷了南加州的非营利性教育与环境组织奥吉基金会（Ojai Foundation）[55]。这场大火摧毁了该基金会 20 多座传统建筑和避难所，但其超级土坯建筑幸存下来，尽管其周围的景观都变成了灰烬。谢夫特·哈利利说："对于那些亲历者，我认为他们的印象是非常深刻的。我们已经能够通过地震和火灾证明我们的理念，告诉人们我们的设计是防火、防风、防洪的。"

即便如此，我怀疑超级土坯的吸引力仍存在局限性，而且我很难想象该地区的富人会真正接受土建房。毕竟，当我参观加州土造艺术与建筑学院时，我看到美国人目前的住房偏好——旁边社区的麦克豪宅（McMansions）几乎就耸立在这边由泥土建造的圆顶之上。而且，该机构也遇到了挫折，2017 年，该郡通知加州土造艺术与建筑学院，在超级土坯建筑方法得到国际建筑规范理事会（International Code Council）的正式评估和批准之前，不会再为其颁发任何许可证，该理事会制定了在全球广泛使用的建筑安全标准。这个获得评估和批准的过程持续了多年，现在还在继续，但是如果加州土造艺术与建筑学院获得批准，应该会使全世界的人们都更容易获得超级土坯建筑许可[56]。

谢夫特·哈利利告诉我，人们越来越关注他们的生态足迹和地球上的有限资源，许多人已经对新品跃跃欲试。2018 年 1 月，托马斯大火之后的第一个开放日，一大群奥吉基金会的住户来到加州土造艺术与建筑学院，想看看是否有更好的方式来重建他们的社区。谢夫特·哈利利说："地震会再来，龙卷风会再来，大火也会再来。我们能做更充分的准备吗？我们能做点不一样的事情吗？"[57]

不一样的事情并不一定指的是使用超级土坯。许多公司在出售他们宣传的可持续的、有恢复力的圆顶状房屋或与圆顶建筑套件，价格和材料五花八门。日本圆顶住宅公司（Japan Dome House）出售由泡沫聚苯乙烯这类材料制成的"抗震"圆顶。一家日本度假村安装了 400 多个这样的圆顶[58]，据报道，这些圆顶在 2016 年的一系列强震中都完好无损。

同时，一些美国组织已经建造了由安全、可持续的"小房子"组成的村庄[59]，为无家可归的人提供庇护，其他一些组织吹嘘 3D 打印能解决经济适用房短缺的问题。2018 年，总部位于得克萨斯州奥斯汀市（Austin）的 ICON 建筑技术公司使用其"火星神"（Vulcan）打印机建造了一栋 33 平方米的混凝土房屋。该公司表示[60]，其最终目标是要在 24 小时内以每栋 4 000 美元的价格打印 56 ～ 74 平方米的建筑结构，而现在，该公司正将注意力转移到拉丁美洲，计划在那里为贫困家庭打印房屋。

（3D打印建筑的可持续性尚有争议。该技术可以最大程度减少浪费，降低远距离运输建材的必要性，但是打印机使用的材料，包括混凝土在内，实际上并不是特别环保。为了建造更加可持续的建筑结构，一些设计师正在探索更加环保的3D打印材料，如竹纤维、锯末、咖啡渣和植物性生物塑料。[61]）

这些想法中很多都是古怪的，但是很显然，我们需要重新思考：如何建造以及建造什么，或许以激进的方式。我们面临的最大的住房问题——安全性、可持续性和可负担性，相互交织，要保护我们的未来就需要找到解决这些问题的方法。谢夫特·哈利利告诉我："（我父亲）总是说可持续发展是一件多么有趣的事情，因为人们总是说'哦，这是可持续的，这是LEED白金认证的，或这是这样那样的。它耗资1 000万美元'。然后他就会说'你不能说那是可持续的。这样说是不公平的，因为人们负担不起。人们做不到，他们没法参与进来。要想实现真正的可持续，必须得人们都能用才行'。"

纳德·哈利利想要设计一种真正通用的建筑形式。当他说到"通用"二字时，他是认真的。

第 9 章

红色星球的蓝图

在纳德·哈利利的职业生涯中，他成了利用有限资源在地球上建造一些最宜居房屋的专家。但是这个星球只是个开始。哈利利的想法，即充分利用在我们脚下的发现，非常适合在外太空建造人类居所。正如他曾解释的那样[1]："月球上的资源比我们沙漠里的还要少，而且气候也更恶劣。"

1984年，在华盛顿特区，哈利利在美国国家航空航天局（NASA）赞助的研讨会"21世纪的月球基地和太空活动"（Lunar Bases and Space Activities of the 21st Century）上提出了自己的一些设计理念[2]。在一群科学家和工程师面前，他概述了宇航员可以如何利用月表土、土壤层、岩石和覆盖在月球表面的碎片建造避难所。这种月表土富含破碎的玄武岩，是熔岩冷却后形成的一种火山岩。哈利利建议，月球建筑工作者可以把这些粉碎的岩石堆成一个大土堆，然后用巨大的镜子或放大镜将太阳光聚集到其表面。表面的玄武岩会被热量融化，沿着土堆向下流，冷却后变硬，然后去到那里的居民就可以把其下层的月表土挖出来，留下一个坚固的圆顶。他们可以使用类似的方法建造"月球土坯"（lunar adobe）砖，甚至在他所说的"离心旋转平台——一个巨大的陶工轮"上塑造融化的月球岩石[3]。

研讨会结束后的几年里，哈利利咨询了NASA、洛斯阿拉莫斯国家实验室（the Los Alamos National Laboratory）、麦克唐纳道格拉斯空间系统（McDonnell Douglas Space Systems），以完善他的理念[4]。就是在那几年里，他开发了他认为将会非常适合月球的超级土坯[5]。通过将月表土填入可弯曲的管道或袋子里，月球上的定居者可以为自己建造安全耐用的房屋，与外星景观和谐共生。哈利利写道[6]："发现规模合适的街区、建筑技术及适合的复合材料，同时培养自己与月球的统一感，可以成为人类脱离地球母亲、实现独立的开端，在太空中建造房屋。"

当很多建筑师致力于打造可恢复性建筑，并确保我们现有的家园在遥远的未来仍然适于居住时，其他建筑师则将注意力转向了新的前沿领域。如果我们无法保持现状，或者不想保持现状怎么办？我们接下来能去哪里？对人类而言，下一步自然是向太空扩展，在月球、火星以及其他地方建立前哨、定居点、城市和社会。

"对我来说，人类永远只会存在于一个星球上的想法简直不可思议。"建筑师和航空航天工程师布伦特·舍伍德（Brent Sherwood）说道，他在杰夫·贝佐斯（Jeff Bezos）创立的私人太空公司蓝色起源（Blue Origin）的高级发展项目中担任副总裁。舍伍德生于1958 年，是 NASA 成立的同一年，他是在阿波罗太空飞行时代长大的 [7]。他被太空探索的浪漫和冒险所吸引，甚至从小就相信人类注定要在其他星球建立定居点。他告诉我："当时很显然，我们将在月球上建造城市。"舍伍德也想要加入其中。他开辟了一条光明的月球城市规划的职业道路，获得了建筑和航空航天工程学的高级学位。

研究生毕业后，舍伍德去了波音公司工作，该公司后来与NASA 签订了建立国际空间站（ISS）的合同。他在该公司工作了近20 年，致力于 ISS 和其他项目。2005 年，他转到 NASA 的喷气推进实验室（JPL），在那里花了数年时间设计任务思路，以帮助科学家解开太阳系的奥秘，直到 2019 年离开这里去了蓝色起源。

在所有日常工作中，舍伍德从未停止关于月球城市的梦想。他是充满激情的设计师和工程师小组的一员，他们主要利用空闲时间起草外星定居的想法。同时担任美国航空航天学会太空建筑技术委员会（Space Architecture Technical Committee of the American Institute of Aeronautics and Astronautics）主席的舍伍德说："这一领域的专职工作甚少，所以几乎每个人都在做些别的事情来偿还抵押贷款。"

他们对在太空中建立长期的人类栖息地这一真正的兴趣做出了回应。美国、中国、日本和俄罗斯都表达了建立月球基地的愿望，而欧洲航天局（European Space Agency，ESA）也呼吁建造国际"月球村"（Moon Village）。几位硅谷的亿万富翁都一心想要开拓外太空：杰夫·贝佐斯想要"在月球上建立持久的人类存在"，而埃隆·马斯克（Elon Musk）则瞄准火星[8]。NASA 希望在 21 世纪 30 年代把人类送到"红色星球"，阿拉伯联合酋长国宣布了在下个世纪内建立火星殖民地的计划。

在月球或火星上建立的永久定居点可以作为研究基地，供钻研宇宙的基本问题的地质学家、天文学家和宇宙学家居住。对于那些有兴趣开采太空矿产的公司，或是带爱冒险的旅客开启长达一生太空旅行的公司来说，这可能是有利可图的商机。它们可以成为向宇宙深处航行的中转站和集结地，为人类开辟新的机会。

在遥远的未来，它们甚至可能充当一种保险政策，增加我们的物种在未来几千年后仍然延续的概率。尽管我们的短期生存有赖于成为更好的地球管理者（殖民外太空是一个非常长期的项目），但我们无法阻止所有可能发生的行星灾难。我们可能会被一颗小行星遮盖，在接下来的数十亿年里，不断膨胀的太阳很可能会灼烧地球表面，使其海洋蒸发，导致大规模灭绝。如果我们想要活下去，就不能只有一个家。

讽刺的是，我们能否继续生存可能取决于我们是否能弄清楚如何在真正致命的环境中生活。尽管人们都在谈论它们的可居住性，但月球和火星危机重重。在那里，温度总在极端变化：月球温度可以在夜晚零下几百度到白天零上几百度之间变化。（火星的夜晚同样寒冷，不过白天温度最高可达 21 摄氏度。）与地球不同，这两个天体都没有强大的大气层或磁场保护，因此，人类定居者将会暴露在来自太阳耀斑和宇宙射线的危险辐射当中。缺乏大气压力和氧气意味着殖民者们如果不穿太空服就无法踏上太空。[⊖]月球经常受到流星体的撞击，而巨大的、持续数周的尘暴在火星上并不罕见。

这种极端环境将需要大量的建筑，如果我们想在太空定居，就需要建造能够抵御并保护我们免受这些危害的建筑结构。这些危险还意味着，无论我们的太空殖民地有多大，都几乎全部存在于室内。舍伍德告诉我："从定义上来讲，月球或火星上的所有建筑都是室内建筑。因为真正的室外是致命的。"

在地球上的无数研究中，科学家一次又一次证明了建筑可以对我们的健康、行为和幸福产生影响。它们塑造我们的睡眠方式和压力水平，我们的饮食和情绪，我们的身体健康、工作表现、免疫反应和社交互动。

⊖　一些科学家梦想着⁹谨慎地改造火星的气候，使其对人类更加友好，这一过程被称为"地球化"（terraforming）。一种方法是释放该星球上的温室气体，包括困在火星冰盖中的二氧化碳。这些气体会形成厚厚的大气层，像毯子一样覆盖在火星上，逐渐使其变暖。然后地球改造者们可以种植树木和灌木来产生氧气。从理论上讲，火星最终将成为一个温暖的、含氧的、与地球更加相似的星球。但是这些提议的推测性很高，且存在争议，即使它们在技术上是可行的，也（至少）需要几个世纪的时间。在可预见的未来，我们在火星上期待的就是我们能得到的。

在太空中，每一个设计决策的影响都会被放大，人们一天中
90%的时间都待在室内，这似乎习以为常。太空建筑为我们提供了
一个机会，可以将学到的有关创建支持性室内空间的全部知识应用
到实践中，并对怎样才能拥有健康生活有了新的认识。

太空建筑师们正在接受这个挑战。舍伍德告诉我："我在该领
域认识的每个人都是在情感上发自内心地相信，人类在太空生活
是适合的，这也是未来很自然的一步。"尽管这些极端环境带来重
重挑战，并需要一些新颖的建筑方案，但最大的挑战却是较为熟悉
的：我们如何能使这些遥远的居所有家的感觉？

正如哈利利自己的直觉，太空建筑的最佳方式将是巧妙地利用
我们在那里发现的资源。在其最简单的形式下，可能需要重新利用
现有的地质特征。月球和火星上有动荡的火山遗迹，留下了地下洞
穴和熔岩管，理论上可以为躲避地表危险提供庇护。

但是在这些自然特色中建造安全可控的环境可能是困难的。舍
伍德告诉我："住在熔岩管里是一种浪漫但不切实际的想法。"利用
月球和火星上丰富的化合物和矿物质，从零开始创造我们的建筑结
构可能更容易一些。"火星上富含铁，这意味着我们认为可以从矿
石中冶炼铁，并创造非常非常大的建筑结构。"在南加州大学演讲
的太空建筑师马杜·唐格维鲁（Madhu Thangavelu）说道。

或者我们也可以用水与月球和火星的地表土风化层混合制成
"月球水泥"或"火星水泥"。（尽管月球或火星上液态水很少，但
我们可以从冰中提取，或把风化层中的氢和氧结合成水。）或者我
们也可以将水换成月球和火星土壤里富含的硫[10]。只需要提取硫，

加热至其液化，再将其与月球尘土混合，那就成了无水混凝土，非
常符合我们在月球砌筑的需求。斯坦福大学的工程师还提出利用
基因工程细菌生产蛋白质 [11]，这些蛋白质可以将风化层结合成一种
"生物混凝土"（bio-concrete）。

我们可以将我们制作的太空混凝土制成砖块或将其倒入模具，
或者可以加载到 3D 打印机中。2013 年，欧洲航天局推出了一款 3D
打印的大厦，重 1.5 吨，由模拟月球土壤混合化学黏合剂制成 [12]。
通过应用太阳能 3D 打印机，我们可以完全跳过使用化学添加剂，
3D 打印机利用聚焦光束将一层层薄薄的无掺杂风化层熔成实心砖
块，这种技术被称为"太阳能烧结"（solar sintering）。（从某种程度
上说，这种方法是哈利利所提出的利用巨大的放大镜融化风化层的
建议的一个更现代的版本。）2017 年，欧洲航天局的研究人员用类
似的过程，在短短几小时内就制造出了坚硬的铁锈色月球砖 [13]。

3D 打印这项多功能技术为太空建筑提供了巨大的潜力，而且
有很多方法可以利用它。2015 年，NASA 启动了 3D 打印栖息地挑
战（3D-Printed Habitat Challenge），这是一项耗资 300 万美元、历
时多年的竞赛项目，旨在征集新型太空庇护所的概念 [14]。在第一阶
段获胜的团队提议打印圆顶形冰屋，本质上就是太空冰屋 [15]。他们
的设计需要机器人收集并加热火星上的冰，然后将获得的液态水连
同绝缘凝胶和纤维添加剂沉积到薄薄的一层层圆环中。在寒冷的火
星气候中，这些分层会迅速冻结，形成一个坚固的半透明结构。另
一个团队提出利用玄武岩纤维和火星作物（经由宇航员种植）产生
的可再生"生物塑料"（bioplastic），通过 3D 打印技术打印出高大
的蛋形建筑结构 [16]。

设计师们还在草拟充气结构的计划，这种建筑结构相对容易

运输和竖立，一旦我们到达地球外的目的地，只需要向里面泵入压缩空气即可。自 20 世纪 60 年代以来，NASA 一直在拟定充气太空栖息地的设计方案，其中最雄心勃勃的就是 TransHab 充气式太空居住舱，它是一个可以充气的桶形舱，供在国际空间站工作的宇航员居住[17]。这座多层住宅是该机构于 20 世纪 90 年代末设计的，完全展开后容积达 339.8 立方米，非常宽敞，里面有厨房、独立睡眠区、健身设备，还有一个"全身清洁隔间"（Full Body Cleansing Compartment），它将被多层绝缘织物、泡沫和防弹芳纶布保护。该项目在国会取消资助后被放弃，但是充气结构仍然是人们在积极研究和开发的领域。2016 年，宇航员成功将毕格罗航天公司（Bigelow Aerospace）开发的毕格罗可扩展活动模块（Bigelow Expandable Activity Module，BEAM）充气结构连接到国际空间站。

其他建筑师和工程师提出了火箭飞船和火星登陆器的概念，它们可以自动转换成更为持久的住宅、像折纸一样的折叠避难所、借助磁力瓷砖或智能"形状记忆"（shape memory）塑料可以自行组装的结构，以及可以产生自身重力的旋转空间站。舍伍德说："适合（太空）的室内设计可能会让地球人感到奇怪。"

在太空建立定居点将是一项重大的技术成就，但是这些住所不会很豪华，尤其是在最初几年。迄今为止，许多研究都集中于创造最基本可行的产品——一种高效又经济的庇护所，可以让我们在极度危险的环境中生存下去。这些建筑将是孤立而简朴的，与我们了解并热爱的地球上的一切都相距甚远，而且缺乏很多物质享受。我们可能好多天都不离开被岩石和土壤层层覆盖的家。唐格维鲁告诉我，他发现这颇具讽刺意味："我们将以这个星球的霸主身份来到

这里，然后你猜怎么着？我们像穴居人一样度过余生。"

　　这些生活条件将对我们的健康造成严重影响。经过仔细筛选的小部分宇航员可能会坚持几个月甚至几年。但如果我们真的想成为一个星际物种，我们需要创建不仅能帮助我们生存，而且能帮助我们在这些奇怪的新世界里茁壮成长的住所。

　　尽管太空中的外部环境将会有很大不同，但我们自身却不会有太大不同，即使是最遥远的建筑也需要满足我们人类的基本需求。幸运的是，经过深思熟虑，我们已经非常了解设计如何能够帮助我们保持身体强壮、头脑敏锐和士气高昂。我们需要深入研究循证设计策略的宝库，进而在太空中创建宜居空间。"我不必成为火星人就能了解如何在火星上建造栖息地。我只要是人类就行。"薇拉·穆莉亚妮（Vera Mulyani）说道，她是火星城市设计公司（Mars City Design）的创始人兼首席执行官。这家公司总部位于加利福尼亚州，致力于为太空可持续城市制定规划。

　　我们从地球上的研究中得到的最大收获之一就是了解了经常沐浴阳光对我们的健康至关重要。我们可以非常确定地说，在黑暗的月球地下掩体中度过一天又一天将会对我们的情绪、生产力和健康造成严重破坏。虽然辐射真的很危险，但我们需要找到一种方法，至少要给我们的生活带来一些阳光。这就是用冰建造房屋的想法如此有前景的原因之一。碰巧，水（和水冰）吸收了一些高热量、短

 并非每个人都认为这是理所当然的。舍伍德认为，早期的太空定居点将迎合富有的冒险家的需求。他告诉我："能够付费获得早期机会的客户都是非常高端的'游客'。太空中的奢华当然并不意味着拥有大房间，但很可能意味着壮丽的景色、精美的床单和装饰、美味的食物、卓越的服务——实现与当今地球上的高端旅行相同的一切东西。"实际上，我们可能看到一系列不同的太空住宿设施——太空游客的豪华居住区，以及科学家和工作人员的较为实用的空间。

波长的辐射，这些辐射对人体健康构成危害，但不会吸收构成可见光谱的稍长波长。因此，可以想象的是，用冰制成的太空庇护所能够保护其居民免受有害辐射的伤害，同时又能让阳光照进来。

我们也可以从一些地面建筑上汲取灵感。想想当你走进哥特式大教堂时的感受。尽管它们是用石头制成的，很少能提供看到室外风景的广阔视野，它们通常有彩色玻璃窗，会散射阳光，但它们一点也不让人感到压抑。舍伍德说："事实恰恰相反。它能鼓舞人心，能让你与无法言说的天堂联系在一起，所以这种建筑都围绕着顶部的光，具有高耸的结构。仅仅因为一个室内建筑并不意味着一定要像生活在洞穴中一样。"

考虑到光线的时候，我们需要找到一种方法使我们的昼夜节律保持在某个正常的水平。我们的生物钟是在地球上发展起来的，与地球上的 24 小时息息相关。⊖我们的生物钟将被月球的昼夜周期远远地甩在后面，因为月球昼夜大约持续 28 天。这就意味着月球上很多地方在接受 2 周持续光照后会陷入 2 周无尽的黑暗。⊜

火星日，或者说火星的一个太阳日，与我们的一天更接近，大约为 24 小时 39 分钟（更确切地说再加上 35 秒）。这听起来可能没有太大区别，但在火星上度过 18 天后，你就与地球时间相差近 12 小时了。再过 18 天后，又几乎恢复同步。然后如此往复。从长远来看，我们的身体可能会适应，但是如果我们适应不了，我们会发现自己处于永无止境的时差斗争之中。无论怎样，仔细校准的照明

⊖ 我们的固有生物钟略微偏离太阳时钟——我们的身体往往以平均时长为 24.18 小时的周期运行。但是每天与阳光的接触以及其他时间线索使我们的时钟与 24 小时的周期相契合。

⊜ 月球上有些地方，尤其是在山脉、环形山和两极附近，要经历更长的白昼或黑夜。

能够帮助我们最大程度地减少干扰。2016 年，NASA 用可编程的 LED 灯取代了国际空间站上的荧光灯泡，这些 LED 灯早上发出充满活力的、明亮的蓝色光，晚上发出昏暗的、有助于睡眠的琥珀色光 [18]。该机构正在研究这种昼夜节律照明方案是否能够改善宇航员的睡眠和认知表现。

太空还会以其他方式切断我们与自然的联系。月球和火星上的景观荒凉而贫瘠，当我们真的从外太空家里的窗户向外看时，我们不会看到草地或轻柔地沙沙作响的柳树。即使是在地球上最密集的城市，我们也可以到户外走走，呼吸新鲜空气或感受风、雨和阳光接触皮肤的感觉。在太空，我们连这些都没有。

然而，我们可以尝试引入一些设计元素，使太空定居者与地球的生态系统和景观联系在一起。苏联的太空计划早已认识到植物能为宇航员的心理健康带来好处。他们的第一个空间站"礼炮 1 号"（Salyut 1）于 1971 年发射，里面有一个名为"绿洲"（Oasis）的小温室，宇航员会虔诚地谈论起他们照料的植物。据报道，其中一人说："这些都是我们的宠物。"他的队友更进一步说："它们是我们的爱人。"另一位宇航员显然睡在温室旁边，这样他每天早晨的第一件事就是可以看到这些植物。

苏联人在后续的许多空间站和空间任务中都配备了温室和花园。国际空间站中俄罗斯那一侧有一个壁挂式温室。2003 年，哥伦比亚号（Columbia）航天飞机解体，机上人员全部遇难，之后，俄罗斯官员试图安抚国际空间站上的宇航员，让他们多花点时间在园艺上。[19] "这就像冥想一样。"桑德拉·豪普利克·梅斯堡（Sandra Häuplik-Meusburger）说道。他是维也纳工业大学（Vienna

University of Technology）的太空建筑师，采访过在国际空间站上工作的宇航员。"园艺能使思想飘散，你会骤然感觉自己拥有的空间比实际多得多。"

我们可以借助食品生产系统，从我们的生活空间直接可以看到我们的温室，从而帮助太空移民获得适量的自然体验。恰巧由薇拉·穆莉亚妮领导的 NASA 的 3D 打印栖息地挑战赛的一个团队提出为太空温室铺上青苔，宇航员可以从上面走过，唤醒他们与大自然的触觉联系 [20]。我们可以添加大自然的照片和壁画，加入大自然的声音，创建虚拟现实系统，使宇航员能够在模拟森林中漫步。这并不是真实事物的完美替代品，但可以带来一些相同的心理益处。

这些功能可以在很大程度上减轻软禁带来的压力和无聊。尽管太空移民可能都是志愿者，但至少在最初几年，他们的生活将受到诸多限制，许多在地球上被监禁的人对此很熟悉。他们将日复一日地在同一个小型室内空间里生活、睡觉、社交和工作。他们的家里几乎没有多余的装饰，并且几乎没有令人愉悦的感官刺激。他们的环境和日子将很可能变得规律，然后单调。

设计师可以通过战略性地布置不同种类的灯光、色彩、图案和材料来提供一些急需的视觉多样性。他们甚至可以融入艺术。在2011 年的一篇论文中，两位行为科学家提议使用灯光创造人造彩虹，建造月球禅意花园，竖立巨型花朵状彩色太阳能电池板 [21]。

宇航员的社交生活也会受到限制。第一批工作人员和移民将脱离他们熟悉的社交网络，被扔进狭小的空间，与近乎陌生的人待在一起。他们每天的全部时间都将与同一批人一起生活和工作，无法逃脱。唐格维鲁解释说："你无法逃离这个环境，出去走走，重新整理思绪，然后再回来。"

太空机构投入巨大，试图组建兼容的团队，但人际关系的紧张是不可避免的。正如一位宇航员曾经说过："如果你把 2 个人关在一间长 6 米、宽 5 米的小屋里，让他们一起待上 2 个月，那么就具备了谋杀的所有必要条件。"[22] 虽然太空中还没有发生过谋杀事件，但在其他与世隔绝的、封闭的环境中发生过残酷的人身攻击。（据报道，曾有一位苏联科学家被关在南极的研究基地过冬，在一场棋赛中被激怒，用斧子杀死了对手。）

科学家们进行了实验，记录了一些人们今后在太空中生活时可能遇到的人际关系问题。豪普利克·梅斯堡观察过被关在夏威夷火山一侧的模拟火星栖息地里的志愿者。该栖息地是一个 2 层的网格球顶结构，是夏威夷太空探索仿真模拟（HI-SEAS）项目的一部分，从 2013 年开始执行模拟火星任务。

2015 年 8 月，由 6 名成员（3 男 3 女）组成的工作组进驻该栖息地，为期 1 年[23]。在执行任务期间，这组工作人员表现得就好像他们真的生活在火星上一样。他们严格遵循日常规律，准备自己的食物、维护自己的设备，并进行科学实验。每次离开球顶时他们都必须穿上太空服，与外界交流时，要忍受 40 分钟的延迟。在那一年里，他们从未与居住在球顶外的人有过任何面对面接触。

紧张情绪突然爆发，整个团队迅速分裂。豪普利克·梅斯堡和她的同事报告说："由于在任务初期就形成了社交裂痕，并随着在球顶内生活时间的延长而加剧，所以，所有涉及全员的活动通常都要强制进行，或者直接避免。"[24] 聚餐变得紧张起来，人们开始放弃他们最初安排的定期举办的电影之夜。任务持续的时间越长，成员们就越渴望隐私，有些人开始在自己的卧室里一待就是数小时。即便如此，缺乏隔音设施使团队成员们很难真正逃离。豪普利克·梅斯堡告诉我："隐私不仅仅是身体上的封闭，还包括听觉、可能还有嗅觉上的隐私。"布局使情况变得更糟，从宽敞的公共区域很容易看到卧室、餐厅、厨房和健身区，其中一位参与者报告说，这会产生"一种难以摆脱的被监视的感觉"。

即使在很小的栖息地，给所有太空移民至少一块真正的私人空间也是至关重要的。建筑师也可以从通用的设计剧本中借鉴一两页，提供可以开展不同层次的社交互动的空间，一些较为私密低调，另一些比较开放繁华。除了私密的卧室和铺位，我们还可以让宇航员拥有其他小区域的所有权，比如可以随意使用的花园地块。

随着殖民地和定居点的增多，设计师需要构建更大群体可以聚集的空间。舍伍德告诉我："为社区提供支持的建筑与为一小群受过专业训练的宇航员提供支持的建筑是不同的。在月球这样的地方，什么才能相当于一个城市广场或礼堂呢？"

舍伍德说，我们可以从地球上借鉴的一个想法是：购物中心。购物中心实际上就是一个室内的、可以控制气候的大街，配有广场、喷泉和树木，人们可以在这里散步和交流。运动设施、游戏室和电影院可以提供游玩空间，这是使太空移民保持理智和快乐的核心要素。

然而，在月球和火星上运动和游戏将是一项新的挑战，它们的引力场比地球上弱得多：月球上的引力只有地球上的六分之一，而火星上的引力是地球上的八分之三。这种相对较弱的引力不仅会改变足球的轨迹，还会带来真正的健康风险。地球强大的引力可能让人感到烦恼，尤其是当你弄掉一个玻璃杯或从自行车上摔下来的时候，但是我们与引力的不断斗争正是帮助我们保持身体强壮的原因之一。当宇航员在国际空间站进行长期旅行时，他们完全感觉不到地心引力的拉扯，他们的骨骼和肌肉会开始分解。舍伍德说："你能在那里待上几个月的唯一方法就是每天锻炼两个小时。"即便如此，宇航员返回地球后也需要数月时间才能恢复体力。

我们在月球和火星上不会完全失重，但很可能它们的微弱引力会对我们的身体造成类似的伤害，尤其是长期来看。如果真是这样，那么融入主动式设计策略（像设计舒适的室内步道以及很多楼梯）可能会减少我们不得不花费在太空跑步机上的时间。[⊖]

我们还需要利用所有关于可持续性和复原力的知识。月球和火星基地将非常遥远，它们必须得能承受住失败、冲击和灾难。资源将会稀缺，所以太空建筑必须要极其高效，我们将不得不回收利用一切可能的东西。（是的，包括我们自身产生的废弃物。）

即使我们永不搬到火星去，开发满足所有这些要求的建筑结构和系统，也可以在地球上得到回报。NASA 已经开发出了功能愈发强大的太阳能电池和废水回收系统等很多技术，这些技术正在提高我们日常建筑的性能 [25]。同样，工程师为太空建设开发的一些材料，像硫基和生物基混凝土，可能比我们传统的建筑材料更具可持续性，在地球上使用这些材料有助于减少我们的碳足迹，减缓气候变化的步伐。

⊖ 微重力还会导致其他一些没这么容易通过运动解决的问题。例如，在没有强大引力的情况下，我们体内的液体会四处移动，向上流向胸部和头部。液体的重新分配会影响我们的心血管系统，使我们的眼球变平，视力扭曲。

这样一来，当这个星球变得不适合居住时，规划出人类搬迁到另一个星球需要做的事情，可以帮助我们避免这种结果。规划太空定居点可以教会我们深思熟虑，即如何在我们自己的这个状况不佳、拥挤不堪的星球上更加负责任地生活，以及如何在恶劣环境中建造家园。它可能以自己的方式改变我们的命运。虽然这并不是荒川和金斯这对对抗死亡的二人组想要的，但却可能确保我们的物种能够长居久安。

另外，学习如何在这些极端外星世界里舒适地生活，可以帮助我们形成适配地球的设计理念。2017 年，这种可能性促使瑞典零售巨头宜家公司派了几名设计师到犹他州（Utah）的一个模拟火星栖息地体验生活。在那里，他们了解了住在拥挤的空间站是什么感觉，以及宇航员怎样才能感到舒适。这次经历启发他们创造出一系列紧凑、轻便的产品，包括空气净化器和玻璃容器，专门为那些恰巧蜗居在小公寓里的地球人设计[26]。（据报道，该团队还计划发布一种空气净化织物。）

在太空，我们将从头开始。穆莉亚妮告诉我："这是给下一代一个机会去想象他们想要什么样的生活、什么样的家、什么样的环境。"我们究竟想要建造什么样的建筑、定居点和城市？我们希望它们长什么样，如何运作？地球生活的哪些方面是我们想要带走的，哪些是想要留下的？

当我们幻想月球和火星上的理想生活时，我们应该扪心自问，我们在地球上建造的东西有多符合这些理想？现在改变方向还不算太晚。我们有工具和技术可以建立一个更快乐、更健康的世界，无论是在地球坚固而熟悉的土地上，还是在遥远的某个地方。

致　谢

这本书很难写，写作时间远比我预期的要长。我很幸运，一路走来得到了很多帮助。如果没有阿比盖尔·孔斯（Abigail Koons）这位世界上最有耐心的经纪人，我不可能做到这一切。她曾多次说服我，而且总是站在我这边。我的编辑阿曼达·穆恩（Amanda Moon）从第一天开始就对这个想法充满热情，还帮我把杂乱冗长的初稿整理成了条理清晰的故事。我很高兴与她再次合作。科林·迪克曼（Colin Dickerman）在手稿快完成时提供了新的视角，并帮助我冲过了终点线。我非常感谢他和FSG所有人的辛勤工作，FSG一直是一个很好的出版合作伙伴。许多朋友和家人对手稿的早期版本提出了反馈意见。我非常感谢加里·安特斯（Gary Anthes）、布赖恩·博曼（Blaine Boman）、杰茜卡·范斯坦（Jessica Feinstein）、布雷恩·哈（Brian Ha）、梅拉妮·洛夫特斯（Melanie Loftus）、卡罗琳·迈耶（Caroline Mayer）、本·普洛茨（Ben Plotz）、米歇尔·西皮克斯（Michelle Sipics）、尼克·萨默斯（Nick Summers）和杨智恩（Jieun Yang）帮我改正了自己的错误。

我很感谢慷慨地与我分享他们的故事和经历的所有科学家、建筑师、研究人员以及其他人。我采访的人数远远超过了我可以在书中提及的人数，他们中很多人并没有出现在我的书中，但是他们都提供了有助于塑造我的研究和思维的重要信息和观点。他们慷慨地割舍自己的时间，面对有时候似乎源源不断的问题时都慷慨解答。

最后，感谢加里（Gary）、卡罗琳（Caroline）、阿里（Ali）和布赖恩（Blaine）在写作和生活中始终不渝的信任和支持，我爱你们。

注 释

扫码获取全书注释